BEI GRIN MACHT SICH IHR WISSEN BEZAHLT

- Wir veröffentlichen Ihre Hausarbeit,
  Bachelor- und Masterarbeit

- Ihr eigenes eBook und Buch -
  weltweit in allen wichtigen Shops

- Verdienen Sie an jedem Verkauf

Jetzt bei www.GRIN.com hochladen
und kostenlos publizieren

Bibliografische Information der Deutschen Nationalbibliothek:

Die Deutsche Bibliothek verzeichnet diese Publikation in der Deutschen National-
bibliografie; detaillierte bibliografische Daten sind im Internet über http://dnb.d-
nb.de/ abrufbar.

Impressum:

Copyright © 2009 GRIN Verlag, Open Publishing GmbH
Druck und Bindung: Books on Demand GmbH, Norderstedt Germany
ISBN: 9783640455973

Dieses Buch bei GRIN:

http://www.grin.com/de/e-book/137478/oekolandbau-in-russland

Taras Bryzinski

Ökolandbau in Russland

Band 1

Ökolandbau in Russland

Entwicklung und aktuelle Situation

GRIN Verlag

Fachbereich 09
Agrarwissenschaften - Ökotrophologie - Umweltmanagement
Institut für Pflanzenbau und Pflanzenzüchtung II
Professur für Organischen Landbau

Bachelorarbeit

Ökolandbau in Russland

Entwicklung und aktuelle Situation

Eingereicht von: Taras Bryzinski

Gießen, den 17. Februar 2009

Inhaltsverzeichnis

Abbildungsverzeichnis

Tabellenverzeichnis

Verzeichnis verwendeter Abkürzungen

ADSÖL	Arbeitsgemeinschaft für Deutsch-Sowjetische Zusammenarbeit in Ökologie und Landwirtschaft
CAC	Codex Alimentarius Kommission
EG-VO 2092/91	EWG-Öko-Verordnung 2092/91
FAO	Food and Agriculture Organization
GEN	Global Ecolabelling Network
GL32	Codex Alimentarius Guidelines for the Production, Labelling and Marketing of Organically Produced Foods
GOST	Abkürzung im Russischen für „Staatliche Standards"
GVO	Gentechnisch veränderte Organismen
IFOAM	International Federation of Organic Agriculture Movements
IBS	IFOAM Basic Standards
IAC	IFOAM Accreditation criteria for bodies certifying organic production and processing
JAS	Japanische Standards für die ökologische Landwirtschaft
NOP	The National Organic Program (*USDA*)
SanPiN	Abkürzung im Russischen für „Sanitäre Regeln und Normen"
StO	Abkürzung im Russischen für „Standards einer Organisation"
RASCHN	Abkürzung im Russischen „Russische Akademie für Agrarwissenschaften"
WHO	World Health Organization

In der vorliegenden Arbeit erfolgt die synonyme Verwendung der Begriffe biologisch, ökologisch und „organisch" jeweils in Anlehnung an die EG-VO 2092/91 oder an die rechtswirksame „SanPiN" in Russland.

1 Einleitung

Der ökologische Landbau stellt ein ganzheitliches Bewirtschaftungs-
konzept dar. Das Ziel ist eine nachhaltige Gestaltung landwirtschaftlicher
Produktionssysteme auf der Grundlage bestimmter Prinzipien. Als
flexibles Konzept ist der ökologische Landbau für die weltweite
Anwendung gedacht und zeigt eine entsprechend große geografische
Vielfalt in der Umsetzung. Die gegenseitige Kenntnis der Praxis des
ökologischen Landbaus ist allein aus Gründen der Information, aber auch
für die Netzwerkbildung zum Wissens- und Erfahrungsaustausch von
großem Interesse.

Die Russische Föderation stellt mit ihren 403 Millionen ha
landwirtschaftlicher Nutzfläche einen gewaltigen Agrarraum dar. Eine
nachhaltige Gestaltung der landwirtschaftlichen Produktion ist dabei von
entsprechend großem und durchaus internationalem Interesse.

Allerdings muss die Entwicklung der Landwirtschaft in Russland auf die
besonderen sozioökonomischen Bedingungen im Zuge der
Transformation reagieren und steht so vor besonderen
Herausforderungen. Dies betrifft sowohl die politischen, ökonomischen
und nicht zuletzt soziokulturelle Ansprüche an die Landwirtschaft, wie
auch die entsprechenden Rahmenbedingungen für die Umsetzung
nachhaltiger Bewirtschaftungssysteme.

Laut Umfrageergebnissen wünschen 41% der befragten Kunden in
Deutschland „mehr Information" über den ökologischen Landbau in Mittel-
und Osteuropa (vgl. REUTER, 2005).

Bisher haben sich die Akteure mehr oder weniger einzeln um eine
fortschrittliche Entwicklung des Bio-Sektors in Russland bemüht. Die
vorliegende Arbeit, mit detaillierten und objektiven Informationen, kann
daher eine Grundlage für jetzige und künftige Akteure bilden, um für den
ökologischen Landbau in Russland stärker und vereinter
zusammenzuarbeiten.

1.1 Fragestellung

In dieser Arbeit wurden folgende Fragen bearbeitet:

1. Wie sind die Rahmenbedingungen für den ökologischen Landbau in der Russischen Föderation?

2. Seit wann gibt es in der Russischen Föderation ökologischen Landbau im Sinne der IFOAM und wie hat er sich da entwickelt?

3. Welche Standards, Anbauverbände, Institutionen und Zertifizierungsmöglichkeiten gibt es?

4. Bestehen Möglichkeiten/Kapazitäten zur Ausbildung, Beratung und Forschung?

5. Wie ist die Marktentwicklung ökologischer Lebensmittel in der Russischen Föderation und wie sind die Perspektiven?

Weitere Fragen bezüglich der Praxis landwirtschaftlicher Betriebe oder zur Übereinstimmung internationaler und russischer Gesetzestexte, konnten im Rahmen dieser Arbeit nicht erschöpfend beantwortet werden.

1.2 Aufbau der Arbeit

Es handelt sich bei dieser Bachelor-Arbeit um eine beschreibende Studie. Die Struktur der Arbeit ist an die eines „Country Reports"[1] von Organic Europe/FiBL angelehnt. Zusätzlich dazu werden in Kapitel 3 internationale Standards und Normen für „organic agriculture" und „ökologisch erzeugte Lebensmittel" vorgestellt.

Anschließend verdeutlicht Kapitel 4 die besondere Situation der russischen Landwirtschaft im Zusammenhang mit der Transformation.

Die bisherige Entwicklung des ökologischen Landbaus in Russland ist aus Kapitel 5.1 ersichtlich.

Die aktuelle Situation des ökologischen Landbaus in Russland wird anhand der gesetzlichen Grundlagen und der im Jahr 2008 aktiven Institutionen beschrieben. Dies erfolgt in den Kapiteln 5.2–5.5.

---

[1] URL: http://www.organic-europe.net/country_reports/default.asp

2 Methoden und Material

Zunächst erfolgte ein vorbereitendes Literaturstudium des recherchierten Materials aus der Bibliotheken der Staatsuniversität Astrachan und der Universität Gießen, der Astrachaner Staatsbibliothek sowie aus dem Internet.

Da das Literaturstudium keine zuverlässigen Aussagen über die aktuelle Situation lieferte, ist ein Aufenthalt in der Russischen Föderation notwendig geworden. Dabei konnte weitere Literatur in der Zentralen-Agrarwissenschaftlichen Bibliothek (ZNSChB) gefunden werden.

Desweiteren wurden empirische Untersuchungsansätze verfolgt.

Anhand eines Fragebogens (siehe Anhang 2) sind drei Landwirte[2], mündlich befragt worden, wobei die Antworten protokolliert und aufgezeichnet wurden. Der Fragebogen ist zum Zweck einer schriftlichen Befragung entstanden. Da die EU-Kontrollstellen aus Datenschutzgründen keine Informationen über ihre zertifizierten Betriebe geben konnten, war eine schriftliche Befragung nicht möglich.

Bei der Auswahl der Interviewpartner galt die Bedingung, dass sie entweder als ökologisch wirtschaftende Landwirte bereits zertifiziert waren oder sich in einem Zertifizierungsprozess befanden.

In Anlehnung an die Diplomarbeit[3] von S. Simon konnten mit Hilfe eines Leitfadens (siehe Anhang 3) zwei Experteninterviews durchgeführt werden.

Ein weiterer Teil der Befragten stammt aus den Bereichen Handel, Verarbeitung und Wissenschaft.

---

[2] Ein Betriebsleiter, eine Leiterin eines landwirtschaftlichen Kooperativs und ein Landwirt.
[3] Diese wurde zum ähnlichen Thema in Bezug auf Rumänien verfasst.

3 Ökologischer Landbau auf internationaler Ebene

Laut G. VOGT (2000) ist ökologischer Landbau im deutschsprachigen Raum infolge einer Reihe von Krisen entstanden. Er kann daher auch einen realen Ausweg aus Krisen in anderen Weltgebieten bedeuten. Wie eine Übertragung der Öko-Landbau-Richtlinien auf internationaler Ebene erfolgen kann, wird im Folgenden dargelegt.

3.1 IFOAM

Ein weltweiter Dachverband ökologischer Landbaubewegungen die IFOAM existiert seit 1972. Ihre ersten Grundsätze sind in den Jahren 1977 bis 1980 aufgestellt worden (vgl. IFOAM, 1980, zit. nach: SCHMID, 2007). Nach diesen soll der ökologische Landbau

- soweit wie möglich in geschlossenen Systemen arbeiten und sich auf lokale Ressourcen stützen,
- die Bodenfruchtbarkeit der Böden langfristig erhalten,
- alle Formen der Umweltverschmutzung vermeiden, welche aus landwirtschaftlichen Produktionstechniken resultieren können,
- Lebensmittel von hoher ernährungsphysiologischer Qualität in ausreichender Menge erzeugen,
- den Verbrauch von fossiler Energie in der Landwirtschaft auf ein Minimum reduzieren,
- den Nutztieren Lebensbedingungen ermöglichen, die den physiologischen Bedürfnissen und humanitären Prinzipien entsprechen,
- den landwirtschaftlichen Produzenten ermöglichen, von ihrer Arbeit zu leben und ihre Potenziale als Menschen entwickeln zu können.

Um diese Grundsätze der Realität anzupassen sind sie seitdem mehrmals geändert worden (vgl. ebd.).

Die aktuellen IFOAM-Prinzipien sind mehr allgemeiner Natur und sollen eher der Inspiration dienen. Sie beruhen auf vier Prinzipien: Gesundheit, Ökologie, Gerechtigkeit und Sorgfalt (vgl. IFOAM, 2007).

Aus diesen Prinzipien werden für die Praxis Richtlinien und Standards abgeleitet. Diese werden zum Teil in den „IFOAM Basic Standards" (IBS[4]) festgehalten. IFOAM empfiehlt diese Grundstandards bei der Erarbeitung regionaler bzw. nationaler Standards als Grundlage zu verwenden. Eine Zertifizierung allein anhand dieser Standards ist nicht möglich, da insbesondere regionale bzw. nationale Gegebenheiten unberücksichtigt bleiben würden (vgl. ebd.).

Ein anderer Teil der IFOAM-Richtlinien gibt in den „IFOAM Accreditation criteria for bodies certifying organic production and processing" (IAC[5]) Anforderungen an ein Kontrollsystem vor. Anhand dieser Richtlinien können sich nationale und regionale Zertifizierungsstellen durch die IFOAM akkreditieren lassen. Durch den Status *„IFOAM Accredited"* können Zertifizierungsstellen eine internationale Anerkennung ihrer Tätigkeit und der durch sie zertifizierten Produkte sicherstellen (vgl. IFOAM, 2007).

„IFOAM-Norms" fassen IBS und IAC zusammen. Ein „Organic Guarantee System" (OGS) baut wiederum auf den IFOAM-Norms auf (vgl. ebd.). Dieses soll weltweit der Sicherstellung ökologischer Lebensmittel wie folgt dienen:

„The OGS unites the organic world by providing a common set of standards for organic production and processing, and a common system for verification and market identity. It fosters equivalence of participating certifiers and thereby facilitates the trade of organic products between operators certified by different participating certification bodies.

The IFOAM Organic Guarantee System enables organic certifiers to become ‚IFOAM Accredited' and for certified operators to label their products with the IFOAM Seal, next to the logo of their IFOAM accredited certifier." (Ebd.)

---

[4] Darin wird beispielsweise vorgegeben, welche Sicherheitsabstände einzuhalten sind, oder welche Materialien aus der Produktion ausgeschlossen werden.

[5] Darin werden Ansprüche beispielsweise an die Annuität der Zertifizierung sowie an ihre Objektivität und Unabhängigkeit erhoben.

Dieses weltweite Regelwerk wird auch als „Norms of Norms" bezeichnet, das einer ständigen Wandlung aufgrund des Erweiterungs- und Anpassungsbedarfs der Regeln unterliegt.

„Die fortlaufende Bearbeitung der IFOAM-Basisstandards führt dazu, neue Bereiche des Ökolandbaus zu definieren, die ebenfalls weiter bearbeitet werden, aber noch nicht zu den offiziellen IFOAM Basisstandards gehören (z. B. Aquakultur, Textilverarbeitung). Auch diese ,vorläufigen Standards' sollen zu offiziellen Standards weiter entwickelt werden und bei der Entwicklung von regionalen Anpassungen von Standards helfen. Ihre Einhaltung wäre wünschenswert, ist aber nicht verpflichtend." (IFOAM, 2008-b)

Eine Ableitung dieser Normen zu nationalen Standards kann in Kooperation zwischen entsprechenden staatlichen Institutionen und IFOAM erfolgen.

Ein weiteres internationales Regelwerk in diesem Bereich ist nicht unabhängig von der IFOAM entstanden: „IBS have had a strong influence on the development of Codex Alimentarius Guidelines for the Production, Labeling and Marketing of Organically Produced Foods." (IFOAM, 2007)

3.2 Codex Alimentarius Guidelines 32

„Die Codex Alimentarius Kommission wurde 1962 als gemeinsame Einrichtung der Ernährungs- und Landwirtschaftsorganisation der Vereinten Nationen (FAO) und der Weltgesundheitsorganisation (WHO) gegründet" (GROSSKLAUS, 2006).
1999 erlässt diese Kommission die „Codex Alimentarius Guidelines for the Production, Labelling and Marketing of Organically Produced Foods" (CAC/GL32) zur Annäherung an folgende Ziele:

- „to protect consumers against deception and fraud in the market place and unsubstantiated product claims;
- to protect producers of organic produce against misrepresentation of other agricultural produce as being organic;

- to ensure that all stages of production, preparation, storage, transport and marketing are subject to inspection and comply with these guidelines;
- to harmonize provisions for the production, certification, identification and labelling have organically grown produce;
- to provide international guidelines for organic food control systems in order to facilitate recognition of national systems as equivalent for the purposes of imports; and
- to maintain and enhance organic agricultural systems in each country so as to contribute to local and global preservation" (FAO&WHO, 2007)

Aus Anhang I dieser Leitlinien sind die Regeln für die Produktion „organischer Produkte" zu ersehen. Im Anhang II werden verbotene bzw. zulässige Stoffe gelistet. Schließlich stellt Anhang III die minimalen Anforderungen an die Inspektionen bei der Zertifizierung organischer Produktion dar (vgl. ebd.).

Auf diese Leitlinien wird im Artikel 11 Absatz 4 der EG-VO 2092/91 Bezug genommen. Dieser Artikel besagt, dass diese Leitlinien (CAC/GL32) bei der Gleichwertigkeitsprüfung von Produktionssystemen in Drittländern zu berücksichtigen sind (vgl. EG-VO 2092/91).

Nach I.GKLAVAKIS (2007) stellen die CAC/GL32 nur allgemeine Leitlinien für die Erzeugung von ökologischen Produkten dar, die bei weitem nicht so streng sind wie die Bestimmungen für die ökologische Erzeugung in der EU.

„Die Gemeinschaftserzeuger sind daher einem unlauteren Wettbewerb durch aus Drittländern importierte biologische Erzeugnisse ausgesetzt, weil sie erheblich höhere Auflagen im Produktionsprozess erfüllen müssen" (ebd.).

Auch die neue EU-Verordnung (834/2007) bezieht sich im Titel VI „Handel mit Drittländern" Artikel 33 Absätze 2 und 3 auf die Leitlinien 32 der Codex-Alimentarius-Kommission.

Die Anwälte Schmid & Haccius (2008) kommentieren dies als eine *„beabsichtigte Senkung des Anforderungsprofils [an die Importwege]. Auf* *diese Weise wird der Gegensatz von vollständig EU-konformer und nur ‚gleichwertiger' Ökoimportware noch verschärft. Die EU-Kommission hatte 2005 betont, dass mehr Bio-Produkte die Verbraucher erreichen sollen. Dass dies durch künftig zwei verschiedene Importqualitäten geschehen soll, trägt wohl nicht zu einem klaren Profil der Bioprodukte am Markt bei".*

Zusammenfassend bleibt festzuhalten, dass auf internationaler Ebene erste Schritte getan worden sind, um die verschiedenen Standards bzw. Richtlinien miteinander in Einklang zu bringen. Es besteht weiterhin Handlungsbedarf in diesem Prozess, der bisher sehr komplex und langwierig war.

Internationale Standards können darüber hinaus nicht allein für Zertifizierungszwecke herangezogen werden, da die lokalen bzw. regionalen Gegebenheiten stärker in nationalen Standards Berücksichtigung finden sollen. Die Erarbeitung nationaler Standards liegt beim jeweiligen Land, wobei idealerweise internationale Standards berücksichtigt werden.

Auch internationale Standards sehen ein Kontrollsystem vor, welchem sich die Produzenten (darunter auch Wildsammler), verarbeitende Betriebe und Händler ökologischer Erzeugnisse zu unterstellen haben. Somit kommt dem Kontrollsystem im ökologischen Landbau eine Schlüsselrolle zu.

3.3 Was ist ökologischer Landbau?

Die derzeit jüngste Antwort auf diese Frage gibt folgende Definition von IFOAM (2008-a):

„Organic agriculture is a production system that sustains the health of soils, ecosystems and people. It relies on ecological processes, biodiversity and cycles adapted to local conditions, rather than the use of inputs with adverse effects. Organic agriculture combines tradition, innovation and science to benefit the shared environment and promote fair relationships and a good quality of life for all involved."

In Bezug auf Russland resultieren daraus weitere Fragen: Welche Landwirtschaft wird in Russland als traditionell angesehen? Ist alles was beispielsweise in Deutschland als innovativ gilt problemlos auf Russland übertragbar? Auf diese Fragen wird im nächsten Kapitel eingegangen.

4 Besonderheiten der russischen Landwirtschaft

Die russische Landwirtschaft steht auch heute noch vor der großen Frage, auf welches traditionelle Wissen sie zurückgreifen soll. Das Bauerntum im marktwirtschaftlichen Sinn bestand in Russland nur ca. 67 Jahre (von der Bauernbefreiung 1861 bis Zwangskollektivierung der Landwirtschaft durch die Sowjets 1928) (vgl. MORITSCH, 1986).

Die Kollektivwirtschaften bildeten sich erstmals 1917, so dass die Landwirtschaft im planwirtschaftlichen Sinn ebenfalls ca. 70 Jahre Bestand hatte. Daher kann diese Frage in Bezug auf Russland nicht eindeutig beantwortet werden. Aus diesem Hintergrund heraus formuliert J. NOVIKOV (1998) seine Schlüsselfrage:

„Heute ist die Schlüsselfrage bei der Umstellung unserer Landwirtschaft, ob der vor 60 Jahren geschaffene Agrarkomplex, bestehend aus Kolchosen und Sowchosen, erhalten, verändert oder ganz abgeschafft werden soll. [...] Diese Frage muss schon deshalb diskutiert werden, weil wir nicht nur eine Wahl zwischen verschiedenen sozial-ökonomischen Strukturen treffen wollen, sondern auch zwischen verschiedenen, ja sogar konträren Systemen der Landnutzung. Die durchschnittliche Größe einer Kolchose beträgt 6000 Hektar, die einer Sowchose 16 000 Hektar, die durchschnittliche Größe einer Farm in den USA 200 Hektar, in Westeuropa 40 bis 60 Hektar."

Wohin die intensive Landnutzung in Form der Kolchosen und Sowchosen geführt hat, gibt J. NOVIKOV (1998) wie folgt zu verstehen:

„[Bezogen auf die Situation im Jahre 1989, hat] die Erosion 72 Prozent des gesamten Ackerlandes erfasst. 30 Prozent sind vollständig degradiert und müssen aus der Fruchtfolge herausgenommen werden. Das gleiche betrifft 175 Millionen Hektar Weidefläche."

Dadurch ergibt sich eine völlig andere Ausgangssituation für die Umstellung auf eine ökologische Wirtschaftsweise in der Landwirtschaft als in den europäischen Ländern oder in den USA. Umstellungskonzepte müssen daher diese Ausgangssituation berücksichtigen. In diesem Zusammenhang ist es sinnvoll sich mit den verschiedenen Betriebsstrukturen des russischen „Agrarkomplexes" auseinander zu setzen, die im Rahmen dieser Arbeit wie folgt erwähnt werden.

4.1 Betriebsstrukturen im russischen „Agrarkomplex"

Nach K. BRUISCH (2007) zeichnet sich die russische Landwirtschaft durch Entwicklungstrends aus, die in den westlichen Industriestaaten weitgehend unbekannt sind.

Nach Angaben des Statistikdienstes[6] des russischen Staates ist zum Teil, wie Abbildung 1 zeigt, ein Rückgang der „Agro-Gigantomie" beobachtet worden.

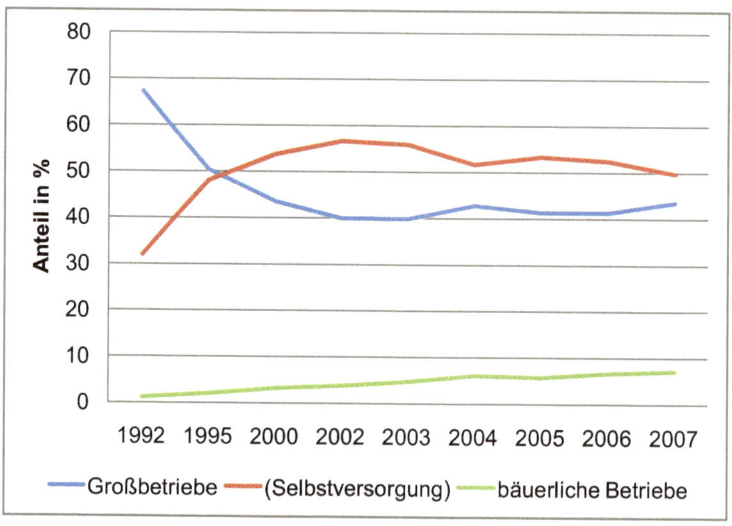

Abb. 1: Anteiliger Beitrag verschiedener Betriebsstrukturen zur landwirtschaftlichen Erzeugung

Aus dieser Abbildung geht auch hervor, dass der russische Agrarkomplex weiterhin von Großstrukturierten Betrieben geprägt ist.

---

[6] URL: http://www.gks.ru/bgd/regl/b08_11/IssWWW.exe/Stg/d02/15-03.htm (Abruf 07.12.08)

Laut S. DÜRR (2007) konnten nur 5–10% der ehemaligen Kolchosen und Sowchosen die schwierigen 90er-Jahre überstehen:

„Nur die besten Betriebe haben überleben können, die nun tatsächlich sehr effektiv arbeiten. Einige davon haben ihre Nachbarbetriebe übernommen und bewirtschaften etwa 20 000 ha. Darüber hinaus gibt es Investoren, die im Rahmen eines großen Agroholdings mehrere Unternehmen vereinen. Diese Holding-Firmen verfügen über riesige Flächen, in der Größenordnung bis zu 500 000 ha."

Was unter einem Agroholding zu verstehen ist und seit wann diese neue Form der Agrarproduktion in Russland existiert erläutert O. ZINKE (2006):

„[Agroholdings vereinen] in einem vertikalen Verbund die verschiedenen Produktionsstufen von der Erzeugung bis zur Verarbeitung und dem Vertrieb in einem Unternehmen. [...] Entstanden sind die ersten Holdings Ende der 90er-Jahre nach der russischen Finanzkrise. Auslöser waren Probleme der Verarbeitungs- und Handelsunternehmen bei der Beschaffung von Rohstoffen in ausreichender Qualität und Menge. Mittlerweile haben auch Investoren aus anderen Branchen die Agrarwirtschaft als lukratives Geschäftsfeld entdeckt. Neben Unternehmen der Industrie und der Energiewirtschaft sind auch Finanzdienstleister, große Agrarbetriebe sowie staatliche Investoren hier aktiv. Die durchschnittliche Größe der Holdings lag bei 50.000 ha. Die größten Unternehmen bewirtschaften insgesamt jedoch mehr als 260.000 ha Fläche. [...] Investiert haben die Holdings unter anderem in die Getreide- und Ölsaatenproduktion und zuletzt auch verstärkt in die schnell wachsende Geflügel- und Schweineerzeugung."

Der Umwelteinfluss von Agroholdings konnte im Rahmen dieser Arbeit nicht erfasst werden. Dass die „Agrar-Gigantomie" des letzten Jahrhunderts in diesem Land sich nicht positiv auf die Umwelt ausgewirkt hat, zeigt J. NOVIKOV (1998) wie folgt:

„Einer unserer bedeutendsten Ökonomen A.V. [Tschajanow] ging sehr differenziert an die Berechnung optimaler Größen von Betrieben in verschiedenen Boden- und Klimazonen. Die Landschaft der Nicht-Schwarzerdezone ist vielseitiger als die Südliche Steppe oder

Waldsteppe, und deshalb sollte hier die Größe einer ‚primären Betriebseinheit' geringer sein. Und eben deshalb hat die Agro-Gigantomie besonders großen Schaden in der Landwirtschaft der Nicht-Schwarzerdezone, der Waldzone sowie der Vorgebirgs- und Gebirgszone angerichtet."

Bäuerliche Betriebe haben sich bisher nur wenig entwickelt. Ihr Anteil am gesamten Agrarprodukt macht im Jahr 2007 nur etwa 7% aus.

„Offensichtlich bietet das russische Steuersystem den [Bauern] wenig Anreize für offizielles Wirtschaften" (BRUISCH, 2007).

Für viele Betriebe war es vorteilhafter sich als „Hauswirtschaft" auszuweisen. Daher ist es zweifelhaft, ob die rechtliche und methodische Unterscheidung von bäuerlichen Betrieben und Hauswirtschaften der Realität gerecht werden kann (vgl. ebd.).

Besonders hohen Anteil an der Erzeugung haben weiterhin individuelle Haus- und Nebenwirtschaften.

„Per definitionem [!] produzieren Haus-/Nebenwirtschaften hauptsächlich für den Eigenbedarf " (BRUISCH, 2007). Aus diesem Grund werden sie in Abb. 1 als „Selbstversorgung" angegeben. Die Angabe erfolgt in Klammern, weil sie eigentlich keine eigene Betriebsform darstellen.

„[Ihre] Entwicklung stand im Zusammenhang mit der russischen Transformationskrise: Auf die Engpässe in der Lebensmittelversorgung reagierte die russische Bevölkerung durch die eigene Produktion von Lebensmitteln" (ebd.).

Anfang des 19. Jahrhunderts begann A. Tschajanow mit einem „Versuch einer Theorie der Familienwirtschaft im Landbau", dessen Ergebnisse er zuerst auf Deutsch in seiner Monographie „Die Lehre von der bäuerlichen Wirtschaft" 1923 veröffentlichte. Darin schreibt er:

„Wir begannen unsere Untersuchung mit der Erklärung der sozialen Besonderheiten der bäuerlichen Wirtschaft, welche ihre geschichtlich erwiesene Widerstandskraft bedingen. Jetzt, am Ende unserer Arbeit stehen wir eigentlich dicht vor der Aufgabe, ein besonderes nationalökonomisches System zu entwickeln, dessen Gegenstand eine Volkswirtschaft ohne Arbeitslohn ist" (TSCHAJANOW, 1923).

Die Ausschaltung der Betrachtung des Arbeitslohns begründet TSCHAJANOW (1923) wie folgt:

„Nur in einigen Fällen, wenn für die bäuerliche Wirtschaft das Interesse am Jahresertrage der Arbeit einen ausgesprochenen Vorrang vor dem Interesse, einen möglichst hohen Ertrag für jede Arbeitseinheit zu erzielen erlangt, nur dann tritt die Natur der bäuerlichen Familienwirtschaft scharf hervor und nur dann verhält sie sich ganz anders als eine kapitalistische, die unter denselben Bedingungen steht."

In Bezug auf die Familienwirtschaft muss hinzugefügt werden, dass es entscheidende Unterschiede in der Familiengröße gab:

„In vielen landwirtschaftlichen Bezirken slavischer Länder kann man oft finden, daß mehrere Ehepaare, die zu zwei oder sogar drei Generationen gehören, in einer einzigen komplexen patriarchalischen Familie zusammenleben. Andererseits sehen wir in einer ganzen Reihe von industrialisierten Gebieten, daß jedes herangewachsene Familienglied schon vor der Heirat bestrebt ist, sich vom Elternhause zu trennen und in Wirtschaft und Leben selbstständig zu werden" (ebd.).

Laut J. NOVIKOV (1998) ist seither kein ernst zu nehmender Versuch unternommen worden, die Arbeit von Tschajanow zu überprüfen.

Die Situation der ländlichen Bevölkerung im heutigen Russland sieht bei zugenommener Landflucht eher schlecht aus.

Laut ZMP (2008) lebt knapp drei Viertel der noch 142,2 Mio. Bewohner in Städten. Hinzu kommt, dass die russische Bevölkerung dramatisch schrumpft. Die derzeitige demografische Entwicklung Russlands erweist sich als gravierendes Problem für die weitere Entwicklung der Volkswirtschaft und des Binnenmarktes (vgl. ebd.).

4.2 Transformation

Mit dem Zerfall der Sowjetunion am 26.12.1991 begann in Russland eine Transformation, worunter Folgendes zu verstehen ist:

„Mit Transformation ist der Übergang von Zentralverwaltungswirtschaften zu Marktwirtschaften auf ökonomischer Ebene und der Wechsel von

kommunistischen zu demokratischen Systemen auf politischer Ebene gemeint" (vgl. SCHLÜTER, 2001, zit. nach: REUTER, 2005).

Aneignung von Böden beispielsweise wurde wieder ermöglicht.

„Mit dem Erlaß von Präsident Jelzin vom 28. Dezember 1991 über die kostenlose Verteilung des Landes an die ländliche Bevölkerung begann eine turbulente Zeit für die landwirtschaftlichen Betriebe des Landes. [...] Sehr schwierige Zeiten durchlebt in der derzeitigen Situation die Wissenschaft in der Russischen Föderation. Die staatliche Finanzierung ist wegen leerer Kassen im Staatshaushalt zu einem großen Teil zusammengebrochen" (DÜRR, 1993).

Es gibt eine ganze Reihe von Problemen und Fehlern, die bei der Transformation aufgetreten sind, die hier nicht tiefer ausgeführt werden.

Folgende Abbildung des russischen Landwirtschaftsministeriums[7] zeigt sehr deutlich, welche Wirkung die Transformation auf die russische Landwirtschaft hatte und wie die aktuelle Entwicklungstendenz ist.

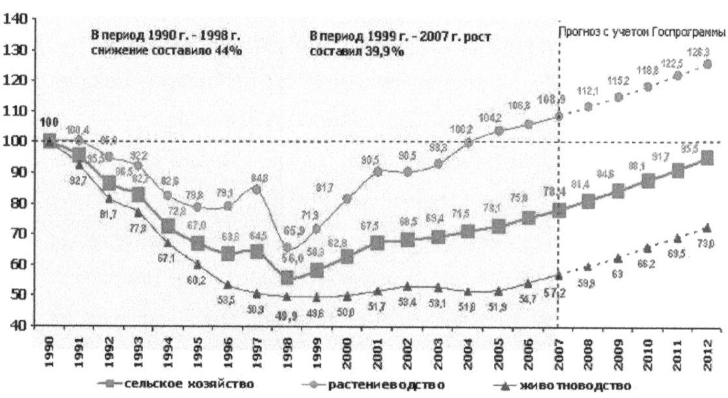

Abb. 2: Entwicklung der russischen Landwirtschaft in Prozent bezogen auf das Jahr 1990.
Quelle: Russisches Ministerium für Landwirtschaft (Abruf 16.11.2008)
Legende: Rot - Landwirtschaft (gesamt); Braun – Pflanzenbau; Blau – Tierhaltung

Abbildung 2 zeigt die Entwicklung der Agrarbruttoproduktion Russlands. Die Situation 1990 ist auf 100% gesetzt worden. In der Zeit von 1990 bis 1998 sank die landwirtschaftliche Produktion in Russland um 44%.

---

[7] http://www.mcx.ru/images/viewimage.html?pi_id=7286

Seit Beginn der Transformation im Jahre 1992 kam hinzu, dass eine Reihe rechtlicher Probleme auftraten. Das sind beispielsweise ungeklärte Eigentumsverhältnisse, die die Bodennutzung bis heute erschweren.

Dennoch wächst die einheimische landwirtschaftliche Produktion seit 1998 beständig weiter. Ein „Sorgenkind" in der russischen Landwirtschaft stellt die Tierhaltung dar.

Für die Jahre 2008 bis 2012 ist die weitere Entwicklung unter Berücksichtigung eines staatlichen Förderprogramms des russischen Agrarkomplexes geschätzt worden.

4.3 Staatliche Förderung

Laut einem staatlichen Förderprogramm des russischen Agrarkomplexes sollen bis 2012 (trotz der Weltwirtschaftskrise) etwa 20 Mrd. EUR in die russische Landwirtschaft, sowie in den Aufbau von Infrastruktur im ländlichen Raum, fließen (vgl. STAATSPROGRAMM,.2008).

Dieses Programm resultiert aus einem entsprechenden „Nationalen Projekt", welches T. SCHMIDT (2007)[8] wie folgt beschreibt:

„Das Nationale Projekt zur ‚Entwicklung des Agrarkomplexes' wurde unter Leitung von Präsident Vladimir Putin und der Partei Edinaja Rossia Ende 2005 ins Leben gerufen. Die Hauptziele dieses makroökonomischen Förderprojekts beinhalten vier unabhängige Aufgabengebiete. Die Förderungen widmen sich den Gebieten der Gesundheitsfürsorge, des Wohnungsbaus, der Bildung und der Entwicklung der Agrarwirtschaft. Die Förderung der Agrarwirtschaft beinhaltet wiederum die Entwicklung der Viehwirtschaft, die Förderung kleiner landwirtschaftlicher Wirtschaftsformen und der Aufbau von Wohnraum für junge Agrarfachkräfte. Gerade dem letzten Aspekt stand die russische Regierung bisher hilflos gegenüber, denn die Landflucht – vor allem junger arbeitstätiger Menschen – nahm dramatische Züge an. Auch den sehr hohen Fleischimportraten soll das Programm entgegen-

---

[8] Geschäftsführer der COMMIT Agro ZAO in Moskau

wirken, denn die einheimische Produktion ist nicht in der Lage die
Bevölkerung mit ausreichenden Fleischerzeugnissen zu versorgen."

Diese Förderung erfolgt über Banken, die den gewillten Unternehmern im Rahmen des Projektes bzw. Programms Kredite gewähren. Die in diesem Zusammenhang entstehenden Zinsen werden vom Staat übernommen. Die Kreditlaufzeit ist von ursprünglichen fünf Jahren auf acht Jahre erhöht worden (vgl. STAATSPROGRAMM,.2008)

Eine spezielle Förderung ökologisch wirtschaftender Betriebe wird möglicherweise erst nach Erreichung des Produktionsniveaus, wie im Jahre 1990, denkbar sein (vgl. SEMTSCHUK, 2008).

4.4 Folgen der Transformation

In diesem Zusammenhang entstanden für die Umstellung auf eine ökologische Wirtschaftsweise zu einem geringen Teil positive Bedingungen.

„Das Nichtvorhandensein bzw. der hohe Preis für Agrochemikalien und
der höhere Verkaufserlös, verbunden mit der tief in der russischen Seele
verwurzelten Liebe zum Land und zur Natur, geben einen guten
Nährboden für eine rasche Entwicklung des ökologischen Landbaus ab.
Es ist jedoch selbstverständlich, daß in der derzeitigen katastrophalen
Versorgungslage für alle Bevölkerungskreise die Versorgung mit
Nahrungsmitteln überhaupt die erste Priorität genießt" (DÜRR, 1993).

Es gibt auch eine Reihe von Schwierigkeiten, die nicht nur für den ökologischen Landbau in Russland zur Herausforderung werden.

„Allgemein ist die russische Landwirtschaft noch schlecht entwickelt. Es
gibt zwar wenige gut geführte Farmen, aber der große Durchschnitt ist
weit unter dem Niveau der Landwirtschaft in Europa.
Die Probleme der russischen Landwirtschaft sind fehlende Investitionen,
Raubbau und Folgen, geringe Selektion der Genetik von Pflanzen und
Tieren, teils schlechte sanitäre Einrichtung landwirtschaftlicher Betriebe,
veraltete Technik (sofern sowjetischen Ursprungs).
Ein fast noch größeres Problem stellt die Situation auf dem Arbeitsmarkt
dar: es gibt wenig geschulte Arbeitskräfte, die in der Landwirtschaft

arbeiten wollen. Die Landflucht ist also ein großes Problem, ebenso der Alkohol." (RUMPE, 2008)

Nach Angaben von ZMP (2008) nimmt in der russischen Agrarhandelsbilanz zwar der Export zu, er liegt jedoch weit unter dem Import.

5 Entwicklung und aktuelle Situation des ökologischen Landbaus in der Russischen Föderation

Es kommt in diesem Kapitel zunächst die bisherige Entwicklung des ökologischen Landbaus in Russland zur Sprache. Anschließend werden Organisationen auf den verschiedenen Ebenen beschrieben. Auf gesetzliche Grundlagen, Ausbildung, Beratung, Forschung und die Marktentwicklung wird am Ende des Kapitels eingegangen.

5.1 Entstehung und Entwicklung

Die ersten Ansätze ökologischer Wirtschaftsweise gehen in Russland auf den russischen Wissenschaftler A.T. Bolotov (1738–1833) zurück (vgl. KONTEMIROW, 2007).

Laut GANITSCHEV (1991, zit. nach: DÜRR, 1993) gilt Andrej Bolotov als Vater der Fruchtfolgewirtschaft. Er war nicht nur ein Agronom, sondern auch Pädagoge, Maler und Schriftsteller.

„Der legendäre Agronom T. S. Maltsev erzielte seit Beginn der [50er] Jahre auf Kolchosen im Verwaltungsgebiet Kurgan in Westsibirien höchste Erträge ohne den Einsatz von Pflanzenschutzmitteln und Mineraldüngern." (JABLOKOV, 1992, zit. nach: DÜRR, 1993)

Solche Initiativen waren in der sowjetischen Landwirtschaft eher eine Ausnahme. „Neben vereinzelten Initiativen von Produzenten wurde der alternative Landbau ab 1989 erstmals in größerem Umfang ... gefördert" (ROSENOV, 1998).

Pionierarbeit auf diesem Gebiet leistete S. Dürr, der erstmals 1989 als Student aus Bayreuth ein landwirtschaftliches Praktikum in der Sowjetunion absolvierte. 1991 wurde er Präsident des APPOLLO-Vereins, der schon damals den Praktikantenaustausch organisierte (vgl. EKONIVA, 2008).

Laut J. BUYS (1992) war zu dieser Zeit auf verschiedenen Ebenen in der UdSSR eine Beunruhigung über die negativen Konsequenzen der modernen Produktionsweisen vorhanden. Maßnahmen zur Bekämpfung der Erosion wurden seit langem ergriffen, womit das Problem aber nicht gelöst werden konnte.

Ein seit 1981 in Kraft getretenes Gesetz zum Gewässerschutz, das die Anwendung von Pestiziden nur bei einem gewissen Abstand zu den Gewässern erlaubte, wurde in der Praxis leider selten beachtet (vgl. ebd.).

5.1.1 Gründung erster Institutionen

1989 zeigte sich schließlich in der Akademie der Landwirtschaftswissenschaften (VASChNIL) ein deutlich gestiegenes Interesse gegenüber dieser Umweltproblematik (vgl. BUYS, 1992).

„Auf Anregung von A. S. Schapkin hat das Präsidium von VASChNIL beschlossen, den alternativen Landbau in Forschung und Praxis zu fördern. Unter anderem wurde mit der Finanzierung des Komitees für Wissenschaft und Technik ein Ökolandbau-Wettbewerb durchgeführt unter dem Titel ‚Effektive Prozesse der Nahrungsmittelproduktion'. Es handelte sich um ein sogenanntes ‚Staatliches, zielgerichtetes wissenschaftlich-technisches Programm'. Unionsweit arbeiteten ca. 40 Arbeitsgruppen und Institute zusammen an Themenbereichen wie Ausarbeitung von Richtlinien des ökologischen Landbaus und Infrastrukturprogramme für die ökologische Landwirtschaft. Ein Teil des Programms war die Umstellung des ganzen Kreises Zaoksky im Norden der Region Tula mit insgesamt 130 000 ha landwirtschaftlich genutzter Fläche" (ROSENOV, 1998).

Noch im selben Jahr ist in der UdSSR ein Verband für Alternative Landwirtschaft „ALTAGRO" gegründet worden. Er galt als eine wissenschaftliche Einrichtung, die fast alle Wissenschaftler umfasste, welche auf dem Gebiet des ökologischen Landbaus in der Russischen Föderation arbeiteten (vgl. DÜRR, 1993).

Dr. A. Schapkin übernahm als Direktor die Leitung des Verbands. Bereits im Frühjahr 1990 ist zwischen ALTAGRO und IFOAM ein Kooperationsvertrag geschlossen worden. Ebenso bestand laut DÜRR (1993) seit 1990 eine enge Zusammenarbeit mit der Arbeitsgemeinschaft für Deutsch-Sowjetische Zusammenarbeit in Ökologie und Landwirtschaft (ADSÖL[9]).

Zu dieser ersten Institution kam noch eine weitere dazu:

„Im März 1990 ist [...] in Moskau [ein] Verband für Landwirtschafts-studenten und junge landwirtschaftliche Fachkräfte der UdSSR (ASSVUZ) gegründet [worden]" (DÜRR, 1993).

Eines ihrer Ziele war es, neue Methoden in die landwirtschaftliche Praxis einzuführen (vgl. ebd.).

„Bis zum Putsch im August 1991 bewegte sich der Verband auf dem schmalen Grat zwischen politischer Unabhängigkeit und der Notwendigkeit, sich mit staatlichen Stellen arrangieren zu müssen. Von konservativen Stellen wurde ASSVUZ des öfteren sehr stark mit dem Vorwurf angegriffen, mit dazu beigetragen zu haben, die stabilen Strukturen des kommunistischen Jugendverbandes Komsomol zu zerstören" (ebd.).

Nach dem Zerfall des Komsomol war ein Vakuum auf dem Gebiet der Jugendarbeit entstanden, ASSVUZ sollte versuchen, dieses für den Bereich der Landwirtschaft und den ländlichen Raum auszufüllen.

Da laut DÜRR (1993) Auslandsaufenthalte junger Fachkräfte „eine wichtige Rolle bei der Neuorientierung der Landwirtschaft in der UdSSR"

---

[9] ADSÖL war zunächst eine Arbeitsgruppe innerhalb des Verbandes der Geoökologie in Deutschland (VDGö). Es sind zahlreiche Verbindungen in die ehemalige Sowjetunion aufgebaut worden. Schließlich ist in Bayreuth ein eigenständiger Verein namens „ADSÖL" gegründet worden. Er hat Landwirte, Wissenschaftler und Studenten unterschiedlicher Fachrichtungen, die die Verhältnisse in den Staaten der ehemaligen Sowjetunion aus eigener Anschauung kannten und die russische Sprache beherrschten, vereint. (vgl. DÜRR 1993)

spielte, sind 1991 achtzig landwirtschaftliche Praktikanten zu mehrmonatigen Aufenthalten auf bäuerlichen Betrieben in Mittel- und Westeuropa vermittelt worden.

Dabei bestand eine enge Zusammenarbeit mit folgenden Organisationen[10] und Gruppen: Bayrische Jungbauernschaft, ADSÖL, Internationaler Verband der Landwirtschaftsstudenten (IAAS), Fa. John Deere und mehrere Regionalgruppen in Europa (vgl. ebd.).

S. DÜRR (1993) sah in der Gruppe der ASSVUZ-Initiatoren und den „91er"-Praktikanten einen festen Stamm junger Fachleute, die engagiert und ehrenamtlich für den Verband arbeiteten. Er sagte voraus, dass „mit der Zeit in der ganzen Sowjetunion engagierte Gruppen von ASSVUZ mit Erfahrungen aus dem Westen arbeiten" werden (ebd.).

Heute existiert weder die Sowjetunion noch ein ASSVUZ-Verband.

ALTAGRO und IFOAM-Projekt

Im Rahmen der Zusammenarbeit von ALTAGRO und IFOAM ist die Durchführung eines Projektes erfolgt. Dabei sind zunächst sechs Sowchosen und Kolchosen bei der Umstellung auf die ökologische Wirtschaftsweise wissenschaftlich begleitet worden. Auf Grundlage der IFOAM-Richtlinien sind Anbaurichtlinien für den ökologischen Landbau in der damaligen UdSSR erarbeitet worden. Diese Anbaumethoden wurden in landwirtschaftlichen Großbetrieben umgesetzt, die zuvor einen Vertrag mit ALTAGRO abgeschlossen hatten (vgl. DÜRR 1993).

Die Umstellung von zwei Betrieben konnte J. BUYS[11] (1992) aus nächster Nähe beobachten:

„Auf den beiden Betrieben waren jeweils Brigaden (Teilbetriebe) ausgewählt worden, die mit ihrer Fläche teilweise in Wasserschutzgebieten lagen. Die Flächen dieser beiden Brigaden betrugen 187 und 318 Hektar.

Es waren positive Erfahrungen, daß die ökologisch angebauten Kulturen, u. a. Getreide, Mais, Weißkohl, und Karotten, auf den beiden Betrieben

---

[10] Unerwähnt bleibt APPOLLO, der erst später aus der ADSÖL hervorging.
[11] Niederländischer Wissenschaftler des Bureau Ecologie en Landbouw in Wageningen/Niederlande.

nur wenig von Krankheiten befallen waren. Nur Phytophtera infestans an Kartoffeln war, wie häufig, ein großes Problem. Das größte Problem stellten die Unkräuter dar. [...] Die Hackfrüchte (Futterrüben, Kartoffeln, Silomais, Weißkohl) litten am stärksten unter dem höheren Unkrautdruck und ergaben deshalb niedrigere Erträge. Getreide und Kleegras zeigten nur wenig geringere Erträge auf den Umstellungsflächen als im konventionellen Anbau."

Nach S. DÜRR (1993) ist neben J. Buys auch Dr. W. Goldstein[12] zu einer positiven Beurteilung der Entwicklungsmöglichkeiten des ökologischen Landbaus in Russland gekommen.

5.1.2 Verständnis des ökologischen Landbaus

Folgende Abbildung (vgl. MINEEW, 1993) spiegelt wider, wie die Prinzipien, Aufgaben und Lösungswege des ökologischen Landbaus in Russland im Jahre 1993 verstanden und weitergegeben wurden:

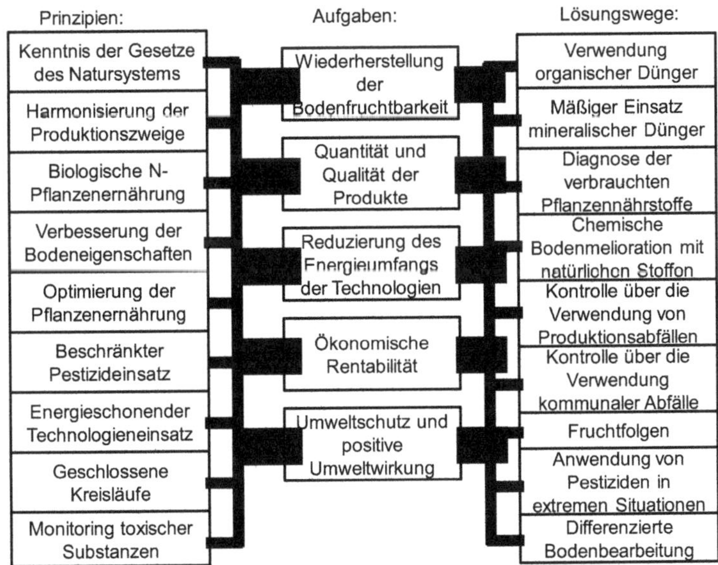

Abb. 3: Aufgaben des biologischen Landbaus

---

[12] Research Director, Michael Fields Agricultural Institute, East Troy, Wisconsin

Dass bei den Lösungswegen eine Kontrolle über die Verwendung von Produktionsabfällen (vor allem Tierexkremente) vorgeschlagen wird, scheint eine Besonderheit der damaligen Situation in Russland zu sein. Laut W.GOLDSTEIN (1993) haben selbst die vorbildlichsten Kolchosen oder Sowchosen den Großteil der Tierexkremente nicht mehr zurück auf das Feld gebracht, sondern in riesigen Gruben oder Stapeln eingelagert, wovon eine Gefahr für die Umwelt ausging.

Bereits da fällt auf, dass eine Nichtanwendung der chemisch-synthetischen Pestizide und Wachstumsregulatoren als Grundsatz nicht weitergegeben wurde, die laut G. VOGT (1999) seit den 50er Jahren prinzipiell dazu gehörte. Ebenso auffällig ist, dass in Bezug auf den Pestizid-Einsatz Ausnahmen zulässig waren.

Möglicherweise wollte Mineew dadurch einer zu starken Konfrontation mit den gedanklichen Barrieren bei einer Umstellung aus dem Weg gehen (siehe unten).

A. SCHAPKIN (1991) fasste den Begriff „alternative Landwirtschaft" als Oberbegriff für organische, biodynamische, organisch-biologische und biologische Landwirtschaft auf.

In seiner Definition von alternativer Landwirtschaft heißt es:

„Ein landwirtschaftliches Produktionssystem, das effektiv aus ökologischer wie ökonomischer Sicht ist, wird dadurch gekennzeichnet, daß in ihm die Sonnenenergie maximal genutzt und umgewandelt wird und die Produktion landwirtschaftlicher Erzeugnisse, die von einem Mindestniveau von Bodenfruchtbarkeit ausgeht, nur einen minimalen Anteil an Energie hoher Qualität verlangt und maximale ökonomische Erfolgsgrößen während der langen Dauer seiner Existenz erreicht. Die landwirtschaftlichen Erzeugnisse eines solchen Produktionssystems entsprechen in der Regel den genormten Anforderungen an biologische Wertvorstellungen und an humanschädliche Inhaltsstoffe." [13]

---

[13] Dieser Auszug lag bei S. DÜRR (1993) bereits übersetzt vor.

Auch er hat in dieser Definition eine Nichtanwendung chemisch-synthetischer Betriebsmittel nicht erwähnt, obwohl ALTAGRO verpflichtet war die IFOAM-Richtlinien einzuhalten.

In seinem Beitrag legt A. SCHAPKIN (1991) folgende Anschauung dar: Ein Bauer sollte ohne eine einzige Vorschrift die Möglichkeit haben, zwischen verschiedenen Alternativen zu wählen.[14] Das war bis zu dieser Zeit seit der Zwangskollektivierung der Landwirtschaft nicht gegeben.

Nach Auffassung von W. GOLDSTEIN (1993) bedeutet ökologisches Wirtschaften mehr als nur der Verzicht auf chemisch-synthetische Betriebsmittel im Produktionsprozess:

„Ökologischer und besonders biologisch-dynamischer Landbau bedeutet, daß auf einem Betrieb alle verschiedenen Unternehmungen so geformt sind, daß sie sich wechselseitig unterstützen und der Betrieb funktionieren kann wie eine Art gesunder ‚Über-Organismus'. ... Es ist einerlei, ob es sich um einen Betrieb in Amerika, Europa oder in den GUS-Staaten handelt; falls er ökologisch bewirtschaftet werden soll, müssen Richtlinien befolgt werden, die von den Prinzipien abgeleitet wurden, die dem Funktionieren eines gesunden Bewirtschaftungssystems unterliegen. Werden diese Prinzipien verletzt, entstehen da die Probleme mit Erträgen, Unkräutern, Schädlingen, Pflanzenkrankheiten und Parasiten."

Für das Wirtschaften im Sinne des ökologischen Landbaus sollte zum Beispiel eine natürliche Züchtung auf Resistenz Vorrang haben vor Investitionen in die Entwicklung eines neuen Pestizid-Mittels. Anstelle des Einsatzes chemisch-synthetischer Produktionsmittel sollten im ökologischen Landbau pflanzenbauliche und biologische Maßnahmen zur Anwendung kommen. Das wurde in Russland möglicherweise gar nicht gelehrt.

---

[14] Schapkins Aussage lässt vermuten, dass er damit einer möglichen „Zwangsökologisierung" der Landwirtschaft vorbeugen wollte.

5.1.3 Probleme und Hindernisse

A. SCHAPKIN (1991) sah ein großes Problem bei der Realisierung ökologischer Produktionsweisen, die nur etappenweise erfolgen konnte. Er beschreibt diese Etappen wie folgt:

1. Auswahl (oder Schaffung) eines ökologisch sauberen Territoriums für die landwirtschaftliche Nutzung

2. Erschließung alternativer Produktions-, Weiterverarbeitungs- und Lagerungstechnologie

3. Erfüllung von Normen wie biologische Wertmaßstäbe und Gesundheitsvorschriften

4. Produktionsbescheinigung und Ausgabe eines Qualitätszertifikates

Besonders die zweite Etappe wäre möglicherweise zur größten Hürde geworden, da die Weiterverarbeitung, Lagerung und der Transport staatlich organisiert waren. Allein die Frage, welchen Einfluss die Nachfrage ökologischer Lebensmittel durch sowjetische Konsumenten auf die weitere Entwicklung des ökologischen Landbaus gehabt hätte, lässt sich nicht ohne weiteres beantworten, da die Marktmechanismen ausgeschaltet waren.

Darüber hinaus war der Preis für Bio-Lebensmittel schon seit Anfang der 90er-Jahre eine weitere Hürde.

„Es ist schwierig, in der derzeitigen Situation in Rußland von höheren Preisen für biologisch erzeugte Produkte zu reden. Der Lebensmittelmarkt ist durch die katastrophale Versorgungslage mit Nahrungsmitteln, dem Nebeneinanderbestehen von einer Reihe verschiedener Preissysteme [...] und andere Faktoren, dermaßen undurchsichtig, daß der Faktor biologisch oder nicht-biologisch dabei größenordnungsmäßig eine untergeordnete Rolle spielt" (DÜRR, 1993).

W. GOLDSTEIN (1993) beschrieb folgende Hindernisse die der Durchführung des ökologischen Landbaus in größerem Maßstab im Wege standen:

„Viele Hindernisse hängen mit Infrastruktur und den sozialen Bedingungen zusammen. Allerdings sind viele Barrieren auch mit dem

Denken der Menschen verknüpft. Die meisten Landwirte können sich eine erfolgreiche Bewirtschaftung ohne Chemie nicht vorstellen. Sie halten es für einen Traum und stellen heraus, in der gegenwärtigen Situation führe eine bloße Reduzierung des chemischen Einsatzes lediglich zu geringeren Erträgen und größeren Problemen mit Unkräutern und Schädlingen. Aber sie verstehen nicht, daß ökologische oder biologisch-dynamische Bewirtschaftung sich nicht nur auf das Weglassen von chemischen Mitteln beschränkt."[15]

J. BUYS (1992) hat ebenfalls Probleme, die aus der Umstellung eines Teilbetriebs resultierten, wie folgt beschrieben:

„Die Arbeiter dieser Betriebe waren nicht die Initiatoren der Umstellung und in keiner Weise bei den Vorbereitungen beteiligt. Teilweise hatten die Arbeiter Angst, wegen möglicher niedrigerer Ernteerträge einen Teil ihrer üblichen Prämien zu verlieren. [...] Ein weiterer erschwerender Faktor ist die lose persönliche Beziehung der Arbeiter zu den Betrieben (Kolchos und Sowchos). Dies alles macht genaues Arbeiten, wie es bei der mechanischen Unkrautbekämpfung notwendig ist, äußerst schwierig."

W. GOLDSTEIN (1993) macht auf eine Besonderheit für den ökologischen Landbau in Russland aufmerksam:

„Falls die Leguminosen nicht die richtige Bakterienart besitzen, werden sie überhaupt keinen Stickstoff fixieren. Wir haben im Gebiet Kursk festgestellt, daß Luzerne auf Impfung mit Rhizobienkulturen reagiert. Dieses und die Tatsache, daß es in der GUS nicht unüblich ist, Leguminosen ohne aktiven Knöllchenbesatz zu finden, führt mich dazu, zu vermuten, daß es eine Notwendigkeit für Landwirte sein wird, bei der Aussaat von Leguminosen effektive Bakterien einzusetzen. Mir wurde allerdings berichtet, ein Teil des Problems sei, daß die Landwirte dem Gebrauch solcher Impfungen keinen Glauben schenkten."

J. BUYS (1992) kommt zu der Schlussfolgerung:

„Aufgrund der hohen potentiellen pflanzenbaulichen Möglichkeiten sind in Rußland Ertragssteigerungen durchaus möglich. Während im Westen

---

[15] Übersetzt aus dem Englischen von V. Gehring und S. Dürr.

die Erträge nach einer Umstellung meistens sinken, müßte es in Rußland möglich sein, mit den Methoden des ökologischen Landbaus das gleiche, wenn nicht gar ein höheres Ertragsniveau zu erzielen. Nach russischen Wissenschaftlern wird es dabei wichtig sein, eine ökologisch verantwortliche Intensivierung zu beginnen. Dies müßte geschehen im Zusammenhang mit der bereits begonnenen organisatorischen Erneuerung der landwirtschaftlichen Produktion."

Festzuhalten ist die Reihe von Schwierigkeiten, vor allem aber das Fehlen notwendiger Kenntnisse, um den übermäßigen Glauben an die Chemie durch positive Erfahrungen im ökologischen Landbau zu widerlegen.

5.1.4 Einfluss der Transformation

Wie die Entwicklungen im Jahr 1992 die damalige Entwicklung des ökologischen Landbaus beeinflusst haben, beschreibt S. DÜRR (1993):

"Von diesen Wirren blieb selbstverständlich auch die Bewegung des ökologischen Landbaus in der Russischen Föderation nicht verschont. [...] Wenn 1991 vom Staat noch reichlich Forschungsmittel für den ökologischen Landbau geflossen waren, so reichen die für 1992 gewährten Mittel bei dem um das zehn- bis hundertfach gestiegenen Preisniveau nicht annähernd mehr dazu aus, begonnene Projekte bis zum Ende zu finanzieren. Umso bewundernswerter ist der Einsatz von Altagro, dessen Mitarbeiterinnen und Mitarbeiter versuchen, durch viel ideellen Einsatz angefangene Forschungsprojekte wenigstens einigermaßen mit Erfolg zu Ende zu führen."

Seit Beginn 1992 sind durch Altagro in Moskau „vierwöchige Kurse für selbstständige Landwirte im ökologischen Landbau abgehalten [worden]. Besonders qualifizierte Vertreter [sollten] im September 1992 zu einer Fachexkursion nach Deutschland (ADSÖL in Zusammenarbeit mit der Heinrich-Böll-Stiftung) [kommen]." (Ebd.)

"Im Wetteifern um die knappen staatlichen Mittel zum ökologischen Landbau unterlag 1993 die Assoziation Altagro der A.T. Bolotov-Stiftung,

die gemeinsam vom russischen Wissenschaftsministerium und der russischen Landbauakademie ab 1993 das Projekt im Kreis Zaoksky fortsetzte und Projektpartner der Stiftung Leben & Umwelt und Buntstift e.V. für das dritte[16] deutsch-russische Jahrbuch zum ökologischen Landbau wurde." (ROSENOV, 1998)

Folgende Ergebnisse der Tätigkeit von ALTAGRO sind verzeichnet worden:

- Ausarbeitung eines Umstellungskonzepts für landwirtschaftliche Betriebssysteme
- Methodische Empfehlungen zur Durchführung von Experimenten
- Schaffung von Grundsätzen für grundlegende Produktionsprozesse
- Ausarbeitung eines Preisbildungsmechanismus
- Planung[17] weiteren Vorgehens in drei Stadien

S. DÜRR (1993) gibt an, dass ALTAGRO bereits im Herbst 1991 neben der wissenschaftlichen Arbeit 19 Kolchosen und Sowchosen betreute.

Ab 1993 wurde die Finanzierung der begonnenen Projekte durch die Bolotov-Stiftung übernommen.

5.1.5 Gründung der Bolotov-Stiftung

Warum es zu einem wetteifern um die knappen Staatsmittel zwischen der Bolotov-Stiftung und Altagro gekommen war, geht aus den Quellen nicht hervor. S. DÜRR (1993) beschreibt, wie es zur Gründung der Bolotov-Stiftung kam:

„Aufbauend auf die Initiative einiger Wissenschaftler sowie einiger Mitarbeiter des landwirtschaftlichen Beratungsdienstes ‚Netschernozemje' wurde im Dezember 1992 in Nemtschinovka / Moskau-Gebiet die Bolotov-Stiftung für Ökologie und Landbau gegründet. Die ursprüngliche

---

[16] Die anderen Jahrbücher sind in Zusammenarbeit mit der VASChNIL und Altagro erarbeitet worden.
[17] Im Zeitraum von 10–13 Jahren sah der Plan eine Neuschaffung landwirtschaftlicher Produktionssysteme vor.

Intention der Stiftung war die Förderung der Forschung auf dem Gebiet des ökologischen Landbaus."

E. SARANIN (1994) zählt die Gründer der Bolotov-Stiftung wie folgt auf: *„Ministerium für Wissenschaft und Technische Politik der Russischen Föderation (RF), Russische Akademie für Agrarwissenschaften (RASCHN), russisches Ministerium für Landwirtschaft und Lebensmittel, Administration des Bezirks Zaoksky im Tula-Gebiet, kollektives Teilunternehmen in der Heimat von A.T. Bolotov, Landwirte, Experten und Wissenschaftler".*

Die Stiftung hatte daher 23 Abteilungen in verschiedenen Regionen Russlands. Sie war ebenfalls IFOAM-Mitglied. Es bestand eine Zusammenarbeit mit Organisationen aus Deutschland: Naturland, Heinrich-Böll-Stiftung und anderen (vgl. ebd.).

Durch die Erkenntnis, dass die Wissenschaft nur die Grundlage zur Entwicklung des ökologischen Landbaus in der Praxis darstellen kann, war die Stiftung im Aufbau folgender Bereiche aktiv (vgl. DÜRR, 1993):

- Beratungsdienst für landwirtschaftliche Betriebe
- Schule für ökologischen Landbau auf einem eigenen Hof mit 400ha im Tula-Gebiet
- Durchführung von Seminaren und Kursen
- Erstellung von Beratungshilfen, Publikationen, Broschüren
- Ausarbeitung von Anbau- und Verarbeitungsrichtlinien
- Förderung von Vermarktungsstrukturen
- „On-farm-Research", d.h. Anlage und Betreuung von Versuchen
- Entwicklung landtechnischer Geräte für den Einsatz im ökologischen Landbau
- Vergabe von Stipendien für Studenten
- Organisation von Praktika im In- und Ausland

Ein Teil der Bereiche gehörte zum Projekt der Heinrich-Böll-Stiftung. Die Arbeit der Stiftung wurde durch Apollo e.V. und die Ekosem GmbH jeweils in Weidenberg fachlich betreut (vgl. ebd.).

1993 wurde „für die Fragen [der] Zertifizierung und [des] Marketing[s] …
als Tochterorganisation der Bolotov-Stiftung die Firma „EkoNiva"
gegründet" (ebd.).
Warum und seit wann diese Stiftung nicht mehr existiert, ist aus den
Quellen nicht ersichtlich.

5.1.6 EkoNiva und der „Agrarpolitische Dialog"

*„Unter dem Dach der Bolotov-Stiftung wurde der ökologische Landbau von
der Abteilung EkoNiva betreut, die sich 1994 als privatwirtschaftliche
Aktiengesellschaft von der Bolotov-Stiftung abspaltete."* (ROSENOV,
1998).
Sie wurde laut S. DÜRR (1993) bereits im ersten Jahr ihrer
Eigenständigkeit auf der Biofach-Messe vertreten. Dort sind sogar gleich
20 000 ha Anbaufläche als „von EkoNiva betreut" angegeben worden.
Im Laufe der Zeit ist von EkoNiva ein eigenes Zertifizierungssystem
erarbeitet worden, welches 1997 staatlich registriert wurde. (Vgl. ZMP,
2006).
Heute ist EkoNiva nicht mehr am ökologischen Landbau in Russland
beteiligt. Nach eigenen Angaben hat sie sich zum größten Agroholding in
Russland entwickelt, welches im Jahr 2008 25 Unternehmen in 15 Regi-
onen Russlands vereint. Insgesamt werden 2500 Beschäftigte angegeben,
bei einem Jahresumsatz von 4,4 Mrd. Rubel. (Vgl. EKONIVA, 2008).
Geleitet wird EkoNiva von S. Dürr, der seit 1993 im Rahmen eines
„Deutsch-Russischen Agrarpolitischen Dialogs" aktiv ist. Zwei
Konferenzen in den Jahren 2003 und 2005 sind zum Thema „ökologische
Landwirtschaft: ausländische Erfahrungen und neue Perspektiven für
Russland" im Rat der Föderation durch seine Beteiligung organisiert und
durchgeführt worden.
Bei diesen Konferenzen ging es primär um die Verabschiedung eines
vorliegenden Gesetzesentwurfs, der die „ökologische Agrarproduktion" in
Russland künftig regeln sollte.

Beiträge bekannt gewordener Teilnehmer auf der ersten Konferenz sind im Folgenden zusammengefasst worden und sollen einen kleinen Einblick in die Pro- und Kontraargumentation geben.

Tab. 1: Argumente auf der ersten Konferenz im Rat der Föderation 2003

Pro	Kontra
DÜRR: Es gibt ein großes Importpotential auf dem EU-Markt. Vorschlag: Übernahme europäischer Standards.	DÜRR: Europäisches Vertrauen in die russische Agrarerzeugung war eher schwach. Vorschlag: Image schaffen.
VERESCHAK: Es gibt in Russland Nischen, in die der ökologische Landbau sehr gut passt. Vorschlag: Nutzung der Wasserschutzgebiete.	KIRIUSCHIN: Im „Adaptiven-Landschaftsbau" stecken 15 Jahre Arbeit russischer Wissenschaftler. Vorschlag: Jeder soll seine Nische einnehmen.
KHODUS: Da russische Standards erst jetzt am Entstehen sind, sollten sie idealerweise alle gängigen Standards in sich vereinen. Vorschlag: Zertifizierte Ware soll weltmarkttauglich sein.	MERZLAIA: Bei der Produktion mit ausschließlich organischer Düngung gibt es keine Garantie, dass die so erzeugten Produkte gesundheitlich unbedenklich sind. Vorschlag: Mehr Produktkontrollen.

Eine Etablierung gesetzlicher Standards ist auch nach dem zweiten Anlauf nicht erfolgt. Nach M. VERESCHAK (2008) waren die Gründe hierfür schwer zu benennen.

5.1.7 Bisherige Entwicklung in Zahlen

Bereits durch Altagro sind mehrere Kolchosen, Sowchosen und später auch privatwirtschaftliche Betriebe im Umstellungsprozess betreut worden, ebenso auch durch die Bolotov-Stiftung bzw. EkoNiva. Die Anzahl der betreuten Betriebe soll hier aber nicht zum Tragen kommen, da es schwer nachvollziehbar ist, welche Betriebe dann wirklich umgestellt haben und welche nur teilweise oder gar nicht in dieser Weise agierten.

Zertifizierte Betriebe gab es erst ab 1994, als EkoNiva mit ihrer eigenständigen Tätigkeit begonnen hatte. Die Zertifizierung soll in Zusammenarbeit mit IMO anhand der EG-VO 2092/91 erfolgt sein. Genauere Informationen darüber waren leider nicht verfügbar.

Im Folgenden können daher nur Angaben über die Anzahl ökologisch zertifizierter Betriebe in der Russischen Föderation (1994-2007) vorgestellt werden:

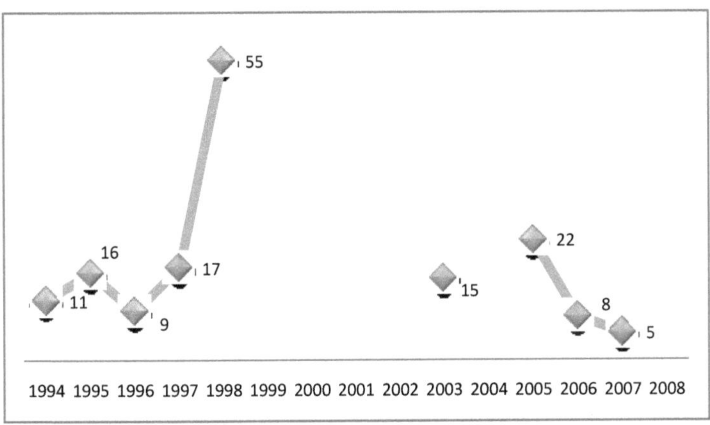

Abb. 4: Zertifizierte Betriebe ökologischer Landwirtschaft in Russland

Laut A. KHODUS (1999) ist die Anzahl der Inspektionen durch EkoNiva im Zeitraum 1994/95 von 11 auf 16 angestiegen. Bezüglich des Jahres 1996 werden widersprüchliche Angaben gemacht: 9 Betriebe werden als „zertifiziert durch EkoNiva" gelistet während die Gesamtzahl der betreuten Betriebe nur 8 betragen haben soll. Im Jahr 1997 gehören 17 Betriebe zu EkoNiva (ebd.).

Laut ZMP (2000, zit. nach: WILLER, 2001) soll es im darauffolgenden Jahr 55 Betriebe gegeben haben. Nach ZMP (2000, zit. nach: WILLER, 2001) werden von den 55 Betrieben im Jahr 1998 nur 9 861 ha bewirtschaftet. Somit hätte im Durchschnitt ein Betrieb ca. 180 ha bewirtschaftet. Das wäre für dieses Land eher untypisch. Daher wird angenommen, dass darin nicht nur landwirtschaftliche Betriebe mitgezählt wurden.

Nach Angaben von IMO (2003, zit. nach: YUSSEFI, 2003) waren im Jahr 2003 in Russland wieder nur 15 Betriebe zertifiziert.

Im Jahr 2003 sind in Russland durch A. Khodus 22 Inspektionen durchgeführt worden (AGROSOFIJA, 2003). Dieselbe Anzahl zertifizierter Betriebe wird für das Jahr 2005 von Agrosofija (2006) genannt. Nach Angaben von Ekokontrol (2008-a) fällt diese Zahl auf 8 Betriebe[18] im Jahr 2006. Im Jahr 2007 sind es nur noch 5 Betriebe, die jedoch insgesamt eine etwas größere Fläche bewirtschaften (ebd., 2008-b).

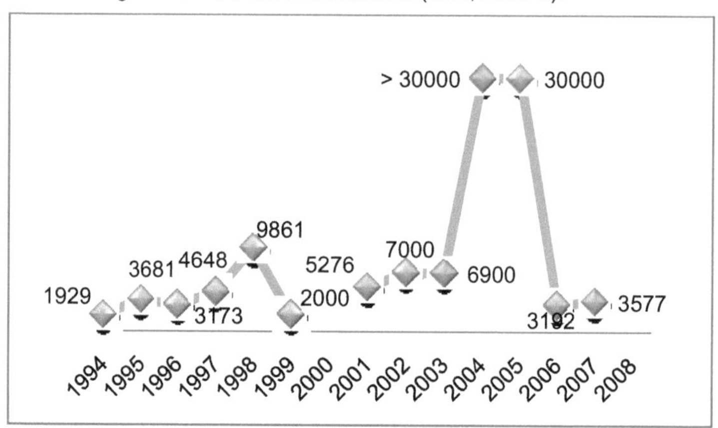

Abb. 5: Zertifizierte Fläche ökologischer Landwirtschaft in ha

Die Zahlen für die Jahre 1994–1998 sind von EkoConnect (2006) übernommen worden. EkoConnect hat diese Angaben von EkoNiva bekommen.

Die Angaben für das Jahr 1998 sind bei ZMP (2000) und EkoConnect identisch. Für das Jahr 1996 lag bei A. KHODUS (1999) eine Liste mit Namen der Betriebe und ihrer Flächen vor. Die dort gelistete Fläche ergab einen etwas größeren Wert als er von EkoNiva für das Jahr 1996 gegenüber EkoConnect angegeben wurde. Hier wurde der größere Wert angenommen, weil er den Werten für das Jahr 1995 und 1997 näher liegt.

Im Jahr 1999 erschien die Dissertation von A. KHODUS in der er angab, dass zu dieser Zeit durch EkoNiva eine Gesamtfläche von 2 000 ha zertifiziert war.

---

[18] Diese wurden eindeutig als landwirtschaftliche Betriebe ausgewiesen.

Für 2001 gibt IMO (2003) 5 276 ha zertifizierter Fläche an.

Bei EkoConnect (2006) erscheinen für 2002 (nach Angaben von EkoNiva) 7 000 zertifizierte Hektar. Im Jahr 2003 sind es 6900 ha (IMO, 2005).

In einem Newsletter von Agrosofija (2004) werden für das Jahr 2004 mehr als 30 000 ha landwirtschaftlich genutzter Fläche geschätzt.

Für 2005 wurde die Angabe von VASYUKOV (2005) angenommen. ZMP (2006) gibt eine Fläche von 40 000 ha an und verweist dabei auf EkoConnect. Laut EkoConnect sind diese Angaben „größtenteils" von Agrosofija übernommen worden. Bei Agrosofija (2005) ist auch für das Jahr 2005 nur eine Schätzung: „mehr als 30 000 ha" angegeben worden. Aus diesem Grund wird hier die Angabe für das Jahr 2005 von Vasyukov angenommen.

Für die Jahre 2006 und 2007 sind Angaben von Ekokontrol (2008-a, 2008-b) angenommen worden. Hierbei handelt es sich um ausschließlich landwirtschaftlich genutzte Flächen.

Diese Abbildungen veranschaulichen Angaben verschiedener Quellen. Dies kann eine zusätzliche Ursache für die Schwankungen sein. Aufgrund dieser Schwankungen (bei der Fläche) und fehlender Informationen (bei den Betrieben) ist keine Prognose anhand einer Trendlinie möglich.

Einen möglichen Hintergrund für den drastischen Rückgang zertifizierter Fläche im Jahr 2005 gibt ein Zeitungsartikel (vgl. Krestjanskie Vedomasti, 07.06.05), der kurz nach der zweiten Konferenz in der Presse erschien:

Organischer Buchweizen sei auf russischen Feldern unter Berücksichtigung europäischer Anbaumethoden und Normen produziert worden. Ein Absatz auf dem russischen Markt sei nicht möglich gewesen, weil es keine ökologisch-zertifizierte Verarbeitung[19] im Inland gab. Folglich wäre der Buchweizen mit anderem Getreide nach Deutschland exportiert worden, um dort weiter verarbeitet und verpackt zu werden. Erst unter einer ausländischen Handelsmarke wäre dieser Buchweizen in Moskauer Bioläden den russischen Kunden zugänglich geworden. Weiter unten in diesem Artikel heißt es, dass eine Umstellung

---

[19] Im selben Artikel wird aber auch ein getreideverarbeitender Betrieb genannt, der für den Öko-Bereich nicht anerkannt worden wäre, was zu enormen Verlusten geführt hätte.

auf ökologische Technologien nur bei einer [hochentwickelten] „Landbau-Kultur" möglich wäre und nicht zu geringe finanzielle Investitionen erfordern würde. Niedrigere Erträge als im intensiven Landbau seien garantiert.

Die Entwicklung dieser Wirtschaftsform war bisher nicht nachhaltig. Die Ursachen dafür werden von Z. NIKITINA (2007) unter anderem in der Abwesenheit

- gesetzlicher Regelungen sowie
- qualifizierter Spezialisten und
- in mangelhaften Absatzmöglichkeiten ökologischer Erzeugnisse

gesehen.

Bis auf den Mangel an qualifizierten Spezialisten hat sich aktuell in den anderen zwei Punkten einiges getan.

5.2 Organisationen

In diesem Unterkapitel werden Organisationen beschrieben, die im Jahr 2008 aktiv waren. Ein Anspruch auf Vollständigkeit darf hier nicht erhoben werden, da das Land sehr groß ist. Bekannt gewordene Organisationen in Russland werden hier beschrieben und sollen die aktuelle Situation des ökologischen Landbaus in der Russischen Föderation widerspiegeln.

5.2.1 Staatliche Institutionen

In Moskau ist am 31.05.2005 die zweite internationale Konferenz im Rat der Föderation durchgeführt worden. Dabei waren folgende staatliche Institutionen beteiligt:

- Komitee für Agrarfragen der Staatsduma und das Komitee des Rats der Föderation in Fragen der Agrar- und Lebensmittelpolitik[20]
- Ministerium der Landwirtschaft der Russischen Föderation[21]

---

[20]Sie sollten gemeinsam sicherstellen, dass ein föderales Gesetz „über die ökologische Agrarproduktion" unter Berücksichtigung internationaler Praxis der Gesetzgebung in diesem Bereich erarbeitet und zum Herbst 2005 in der Staatsduma als fertiges Gesetzesprojekt vorliegt.

- Die Regierung der Russischen Föderation[22]
- Russische Akademie für Agrarwissenschaften[23]
- Ministerium für Bildung der Russischen Föderation[24]

Die Teilnehmer der beiden Konferenzen haben für diese Institutionen jeweils Handlungsempfehlungen (siehe Fußnoten) ausgearbeitet, die bisher leider keine Beachtung bzw. Realisierung erfahren haben.

Daran ist aber erkennbar, mit wie vielen verschiedenen Institutionen eine Zusammenarbeit notwendig ist, um für eine nachhaltige Entwicklung des ökologischen Landbaus in der Russischen Föderation sorgen zu können.

Die eigentliche staatliche Institution, die diesen Bereich regeln soll und künftig auch regeln wird, ist die „föderale Agentur[25] für technisches Regeln und Metrologie" (ehemals GOSSTANDART). Diese Agentur registriert freiwillige Standards und ist für die Entstehung der unterschiedlichen „technischen Regelwerke" zuständig. Der Entwurf eines technischen Regelwerks für den Öko-Landbau ist seit Jahren in Bearbeitung.

Erst in letzter Zeit ist in diesem Bereich noch eine weitere staatliche Institution namens ROSPOTREBNADZOR aktiv geworden. Das ist ein föderales Amt für die Kontrolle im Bereich des Schutzes von Verbraucherrechten und des Wohlergehens der Bevölkerung. Auf dieses Amt sind teilweise Funktionen der russischen Ministerien für Gesundheitswesen, für Wirtschaftsentwicklung und Handel sowie für antimonopolistische Politik übertragen worden.

---

[21]Es sollte nationale Standards und ein Zertifizierungssystem als Projekt im Bereich der ökologischen Agrarproduktion vorbereiten.

[22]Sie sollte die Frage nach den Maßnahmen der staatlichen Förderung ökologischer Agrarproduktion in Betracht ziehen und ein ganzheitliches föderales Programm im Bereich der Produktion, Verarbeitung und des Umsatzes mit Produkten ökologischer Agrarproduktion ausarbeiten.

[23]Sie sollte dazu beitragen, dass in den ihr untergeordneten Forschungseinrichtungen und Instituten die Forschungsarbeiten zur Thematik „ökologische Produktion" integriert und erweitert werden.

[24]Es sollte einen Bildungsplan für Agrar-Hochschulen und für andere Bildungseinrichtungen im Agrarbereich zur Vorbereitung von Personal in der ökologischen Agrarproduktion einführen und den staatlichen Ausbildungsstandard 320400 „Agrarökologie" durch Einführung entsprechender Korrekturen modernisieren.

[25]Федеральное агентство по техническому регулированию и метрологии (Ростехрегулирование, бывший Госстандарт) URL: http://www.gost.ru/wps/portal/

Aus welchem Beweggrund diese Institution aktiv geworden ist, konnte nicht nachvollzogen werden. Da die erlassene SanPiN (siehe Kapitel 5.3.1) sich an den GL32 orientiert, liegt die Vermutung nahe, dass neben dem Verbraucherschutz die Exportmöglichkeiten zur Erarbeitung dieser Normen motivierten.

ROSPOTREBNADZOR agiert russlandweit und verfügt über einen entsprechend großen Mitarbeiterstab. Ob diese Institution im Bereich der Kontrolle und Zertifizierung aktiv ist und ob sie für Fragen der Zertifizierung und Kontrolle „organischer Lebensmittel" aktiv werden könnte, muss noch untersucht werden. Jedenfalls geht aus dem Inhalt des SanPiN keine Notwendigkeit für die Kontrolle des Produktionsprozesses solcher Lebensmittel hervor.

In dieser Angelegenheit muss daher auf die Angebote des privatwirtschaftlichen Bereichs zurückgegriffen werden.

5.2.2 Organisation für Zertifizierung

In Russland gibt es derzeit nur eine einzige Organisation für Fragen der Zertifizierung ökologischer landwirtschaftlicher Erzeugnisse. Sie ist seit 2004 tätig und wurde 2003 mit Hilfe von Agrosofija als eine EkoKontrol GmbH gegründet. Insgesamt gibt es sechs Mitarbeiter wobei nur vier als „ständig beschäftigt" angegeben wurden.

Eine Ausbildung für diesen Tätigkeitsbereich hat A. Khodus in Europa bekommen:

- 1999 in der Schweiz bei BIOSUISSE, FiBL „Kontrolle u. Beratung"[26],
- 2002 in Norwegen bei DEBIO,
- 2003 bei Demeter in Darmstadt und bei IMO in der Schweiz.

Im Frühjahr 2004 ist durch EkoKontrol ein einheimisches Zertifizierungssystem entwickelt worden. Das System sieht eine Zertifizierung anhand folgender Standards vor:

---

[26]Die Kontrolle ist von BioInspecta übernommen worden, um Beratung und Kontrolle getrennt anbieten zu können.

- StO AGROSOFIJA für die Russische Föderation
- EU-Verordnung 2092/91 für die Europäische Union
- NOP für die USA
- JAS für Japan
- Demeter und andere Richtlinien.

Eine Akkreditierung durch IFOAM oder durch eine von der EU anerkannten Akkreditierungsstelle war bisher aus wirtschaftlichen Gründen nicht rentabel, da es nicht viele Betriebe gab die exportieren wollten. Hinzu kommt, dass bei Bedarf ein Zertifikat für den EU-Markt in Zusammenarbeit mit akkreditierten Zertifizierungsstellen erstellt werden kann. (Vgl. KHODUS, 2008).

Die fehlende Akkreditierung dieser Zertifizierungsstelle ist, aus Sicht des Verfassers, die Hauptursache für die mäßige Anerkennung der Zertifikate von EkoKontrol in der EU.

5.2.3 Anbauverband

Es gibt in Russland eine Reihe ökologischer Vereinigungen bzw. Unionen, die mehr oder weniger eine „ökologische Produktion" von anderen Produktionsweisen auf dem Markt hervorheben möchten. Dies erfolgt zum Teil anhand von Kriterien wie beispielsweise der Teilnahme an einer Ausstellung, die zum einen nicht nachvollziehbar sind und zum anderen den IAC (siehe Kap. 3.1) nicht gerecht werden.

Bemerkenswert ist das Engagement der „ökologischen Union St. Petersburg". Sie ist GEN- und IFOAM-Mitglied geworden. Ihre Mitarbeiter haben die Besonderheiten des ökologischen Landbaus und seiner Zertifizierung zwar kennengelernt, verfügen aber nicht über die entsprechenden Kompetenzen. Daher treten sie als Vermittler zwischen interessierten landwirtschaftlichen Produzenten und akkreditierten (europäischen) Zertifizierungsstellen auf.

Unter den bekannt gewordenen Vereinigungen hat sich nur eine auf ökologische Landwirtschaft und Naturnutzung konzentriert.

Agrosofija ist als eine „nicht-kommerzielle Partnerschaft im Bereich der Entwicklung von ökologischer und biodynamischer Landwirtschaft" in Russland registrierte Organisation. Sie wird von A. Khodus geleitet, der in ihr einen Verband ökologischer Landwirtschaft sieht.

Ihre Gründung ist 2002 bei einem Treffen einiger Verfechter des ökologischen Landbaus in Bolotovo (Tula-Gebiet) beschlossen und 2003 umgesetzt worden. Durch die Gründung dieser Organisation hatten sich die Akteure eine größere Dynamik der Entwicklung des Öko-Landbaus in der Russischen Föderation und eine bessere Interessenvertretung gegenüber allen möglichen Instanzen erhofft (KHODUS, 2008).

Sie vereint russlandweit juristische und natürliche Personen, die die Satzung dieser Partnerschaft anerkennen. Ihr Hauptsitz befindet sich in Solnecnogorsk (Moskauer Gebiet). Die Mitgliederzahl dieser Partnerschaft belief sich im Jahr 2008 auf 48 Mitglieder. Die Mitglieder kommen aus landwirtschaftlichen Produktionsbetrieben, verarbeitenden Betrieben, dem Handel, der Beratung, Zertifizierung, Presse, Wissenschaft und staatlichen Institutionen für Standardisierung, die alle an der Entwicklung einzelner Wirtschaftszweige des BIO-Sektors in Russland interessiert sind (ebd.).

Innerhalb dieser Partnerschaft gibt es insgesamt 12 Arbeitsgruppen, die in folgenden Bereichen tätig sein sollen:

1. gesetzliche und normative Grundlagen

2. Öko-Zertifizierung und Kontrolle

3. Öko-Beratung

4. Öko-Markt

5. Bildung

6. Bodenpräparate und biodynamische Präparate

7. Informationsressourcen

8. Agro-Öko-Tourismus

9. ökologischer Pflanzenbau

10. ökologische Tierhaltung

11. Erfahrungsaustausch und Praktika

12. Schädlings- und Krankheitsbekämpfung

Im Bereich gesetzlicher und normativer Grundlagen wurde ein eigenes BIO-Zertifizierungssystem geschaffen, das die Verwendung eines Verbandssiegels „Чистые Россы" (übersetzt und im Folgenden: Reiner Tau) vorsieht. Damit sollen Produkte zertifizierter Erzeuger aus Russland gekennzeichnet werden. Dieses System ist im GOSSTANDART als privater (freiwilliger) Standard staatlich registriert[27] worden. (Vgl. AGROSOFIJA, 2005).

Aktuelle Bestrebungen von AGROSOFIJA sollen die gegenseitige Anerkennung der russischen Händler und Produzenten ökologischer Lebensmittel sicherstellen.

In diesem Zusammenhang werden Verträge mit den jeweiligen Marktteilnehmern geschlossen. Laut A. KHODUS (2008) ist wünschenswert, dass eine gewisse Einheit und Einigkeit auf diesem Sektor beim Wachstum erhalten bleibt.

Folgende Abbildung enthält Logos und Siegel, die der Internetpräsens von Agrosofija[28] entnommen wurden.

---

[27]So wird das Siegel vor Missbrauch geschützt (Registrierungs-Nr. ist: POCC RU.3238.04БX00)

[28]URL: http://www.biodynamic.ru/ru/agrosofia/

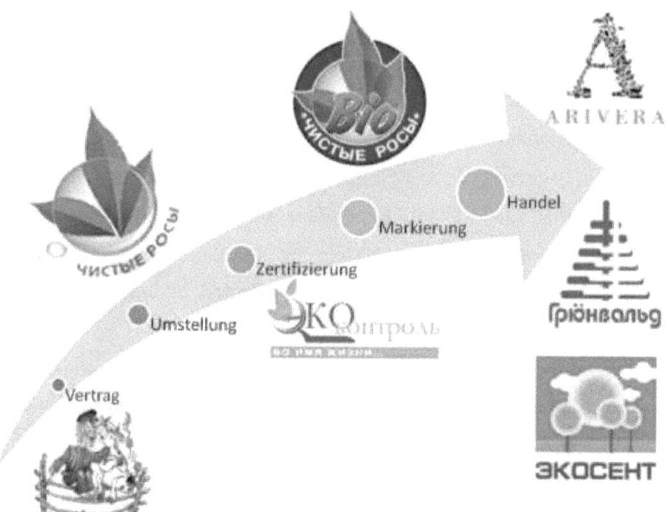

Abb. 6: Vertragspartner von Agrosofija

Zwischen den abgebildeten Lebensmitteleinzelhändlern (konventioneller Handel und Bio-Fachhandel) und Agrosofija wird vereinbart, Lebensmittelprodukte, die mit dem Siegel „Reiner Tau – Umstellung" oder „Reiner Tau – BIO" gekennzeichnet wurden, den BIO-Lebensmitteln aus Europa auf dem russischen Markt gleichzustellen. (Vgl. AGROSOFIJA, 2008).

Aufseiten der landwirtschaftlichen Produktion wird ebenfalls ein Vertrag geschlossen. Darin wird festgelegt, dass der Betrieb ab dem Zeitpunkt des Vertragsabschlusses auf die Anwendung synthetischer Düngemittel, Pestizide und GVO beispielsweise verzichtet. Des weiteren wird eine Frist vereinbart, in der der Vertragspartner damit beginnen soll, den Betrieb nach den AGROSOFIJA-Richtlinien zu bewirtschaften. (Vgl. ebd.).

Das Ziel dieser Partnerschaft ist die Entwicklung der ökologischen und biodynamischen Landwirtschaft und Naturnutzung in der Russischen Föderation.

5.2.4 Landwirtschaftliche Betriebe

Eine Beschreibung aller ökologisch-zertifizierten Betriebe war überwiegend aufgrund der Informationsverweigerung seitens der EU-Kontrollstellen, aber auch aufgrund der Größe des Landes nicht möglich. Die in diesem Kapitel vorgestellten Betriebe sind aufgesucht worden, um ihre Betriebsleiter mit Hilfe eines Fragebogens (siehe Anhang 2) zu befragen.

5.2.4.1 Biologisch-dynamischer Betrieb „Bolotovo" im Tula-Gebiet

Einer der ältesten Betriebe, die in Russland nach ökologischen Prinzipien bewirtschaftet wurden, ist der im Tula-Gebiet gelegene landwirtschaftliche Betrieb „Bolotovo". Dieser Betrieb ist im Jahr 2006 für ein Jahr von EKOKONTROL anhand der „StO-Agrosofija" zertifiziert worden. Zum Untersuchungszeitpunkt entsprach dieser Betrieb daher nicht den methodischen Auswahlkriterien (siehe Kapitel 2). Aufgrund seiner langjährigen Existenz ist dieser Betrieb dennoch erfasst und im folgenden Kapitel beschrieben worden.

Historisch steht dieser Betrieb im Zusammenhang mit dem Projekt der VASChNIL/ALTAGRO und IFOAM (siehe Kap.5.1.1). Damals sind von der Timirjasev-Akademie 150 ha der Kolchose „Weg zum Kommunismus" gepachtet worden, „um unter staatlichen wissenschaftlichen Bedingungen in der Sowjetunion Oekologischen Ackerbau zu probieren." (SCHUMACHER, 2006)

Um die biologisch-dynamische Wirtschaftsweise in Russland bekannt zu machen, kamen 1991 Landwirtschaftsmeister B. Haack und der Bauunternehmer P. Hofmann nach Russland und hielten darüber Vorträge. Ihnen ist dieses Land und das Inventar von Seiten der Timirjasev-Akademie angeboten worden, um einen Demonstrationsbetrieb zu gründen. Hierzu ist in Deutschland ein Verein entstanden, der durch Spenden dieses Vorhaben finanzierte (vgl. ebd.).

„Aus dem Zeltlager Bolotovo wurde nun langsam die Ferma[29] Bolotovo, verschiedene Verwalter und Wirtschafter entwickelten den ‚Demonstrationsbetrieb‘ in verschiedene Richtungen. Es wurden Hecken gepflanzt, Gebaeude gebaut, Strasse, Strom und Wasser gelegt" (ebd.).

Aktuell werden durch diesen Betrieb 100 ha sehr extensiv bewirtschaftet: 77 ha Grünland, 2 ha Kartoffeln, 1 ha Topinambur und 20 ha Brachland. Zur Milchproduktion werden 10 Kühe gehalten (vgl. SCHUMACHER, 2008).

Noch im Jahr 2006 lag der Tierbestand bei 15 Milchkühen (vgl. SCHUMACHER, 2006). Daraus ist erkennbar, dass der Tierbestand abgenommen hat. Eine Ursache dafür wird in der Abwesenheit funktionierender Heumaschinen gesehen, deren Anschaffung neues Investitionskapital erfordert. Andernfalls kann das Milchvieh nicht mehr gehalten werden (vgl. ebd., 2008).

Die BIO-Zertifizierung hat sich für diesen Betrieb nicht gelohnt, da die Milchqualität in der Region sehr gut bekannt ist und stark nachgefragt wird. Die Milch ist früher unter günstigen Bedingungen auf dem Moskauer Markt vermarktet worden (vgl. SCHUMACHER 2006). Heute wird sie regional zum konventionellen Preis vermarktet, da für den Handel im Bio-Fachgeschäft ein bereits verpacktes Produkt erforderlich ist.

Der Betriebsleiter sprach offen über sein Vorhaben, den Betrieb um 800ha zu vergrößern, den Stall zu renovieren, entsprechende Maschinen einzukaufen und die Verarbeitung und Verpackung aufzubauen, wofür nach seiner Berechnung 2 000 000 Rubel[30] erforderlich wären.

Ob dieses Vorhaben seitens russischer Banken finanzierbar wäre, war nicht absehbar.

5.2.4.2 „Tolskij Zweroboi GmbH" im Tula-Gebiet

Im Tula-Gebiet bei der Stadt Suvorov gibt es den 823 ha großen Bio-Betrieb „Tolskij Zweroboi GmbH".

Er ist im März 2007 von A. Brodowski gegründet worden.

---

[29] Eine russische Bezeichnung für einen bäuerlichen Betrieb (engl.: Farm).
[30] Entspricht etwa 45 000 EUR

Zuvor hätte er dort eine Art Hobby-Landwirtschaft betrieben, heißt es, wobei bereits im Oktober 2006 ökologisch erzeugtes Rindvieh aus Österreich importiert worden ist. Auch Traktoren sind vor der Betriebsgründung gekauft worden. Im Mai 2007 sind zudem Bio-Schweine eingekauft worden.

Dieser Betrieb wird seit 2007 von EKOKONTROL zertifiziert.

Die Produktionszweige des Betriebs sind Futterbau, Schweinehaltung, Mutterkuhhaltung. Sie werden möglichst stark aufeinander abgestimmt, um dem Ziel in geschlossenen Kreisläufen zu wirtschaften, gerecht zu werden. Zwei weitere Produktionszweige, Gemüseanbau und Geflügelhaltung, sind in Planung.

Es sind etwa 700 Schweine, 30 Kühe, 5 Bullen und Jungtiere, die auf dieser Farm gehalten werden.

Die Schlachtung der Tiere erfolgt auf dem Hof. Sie werden von einer eigenen Metzgerei (siehe dazu Kapitel 5.2.5) in der Stadt Suvorov durch einen Metzger aus Deutschland zerlegt, unter Vakuum verpackt und nach Moskau oder auch in den eigenen Laden in Suvorov geliefert.

Im eigenen Laden sind die Produkte bisher zu konventionellen Preisen vermarktet worden. Den Aufschlag für Bio-Qualität gibt es daher nur bei einer eigenständigen Lieferung des Fleisches in die Geschäfte „Grünwald" oder „Arivera", die die Produkte dann auf dem Markt in Moskau absetzen. Um die Logistik muss sich der Betrieb selbst kümmern. Bei einer Entfernung von 30 km bis Suvorov bzw. 270 km bis Moskau entstehen zusätzliche Ausgaben, da die Produkte nicht vom Hof abgeholt werden. Es handelt sich dabei um einen Aussiedler-Hof, dessen Wege überhaupt nicht erschlossen sind.

Da der Betrieb erst seit einem Monat auf dem Markt aktiv geworden war, konnte keine eindeutige Aussage über die Rentabilität des Betriebs getroffen werden. Der eigene Laden in Suvorov warf nicht den gewünschten Gewinn ab. Sobald die Verarbeitung bis zur Wurst ausgebaut sein wird, wäre ein anderer Umsatz möglich (NAKARIAKOV, 2008).

5.2.4.3 „Sestrjonki GmbH" im Gebiet Kaliningrad

Die Gründung der „Sestrjonki" GmbH erfolgte 1993, die derzeit 1500 ha (zum Teil gepachtet) bewirtschaftet. Sie gehört zum Kooperativ „Baltver" im Gebiet Kaliningrad, dem insgesamt sechs landwirtschaftliche Betriebe angehören. Die Leitung dieses Betriebs war am Tag des Interviews verhindert, weshalb das Interview mit dem Direktor des Kooperativs durchgeführt wurde. Dieser und ein weiterer Betrieb in diesem Kooperativ bemühen sich ihre Kartoffelproduktion auf BIO umzustellen. Ein weiterer Betriebsleiter überlegt ebenfalls seine Gemüseproduktion umzustellen. Aufgrund eines Verdachts auf Spionage konnten über diese Betriebe keine näheren Informationen erfasst werden.

Die Produktionszweige des Betriebs „Sestrjonki" sind Pflanzenbau, Gemüsebau (vor allem Kartoffeln) und Gartenbau. Es werden Bio-Kartoffeln neben dem konventionellen Kartoffelanbau produziert.

Das Bio-Saatgut ist aus Deutschland importiert worden. Auf 2–5 ha sind Bio-Kartoffeln bereits angebaut worden. In diesem Produktionsprozess waren drei Arbeiter involviert. Eine Aufklärung der Arbeiter darüber, worauf bei der Bio-Produktion zu achten ist, war erfolgt. Dieser Betrieb befand sich zum Zeitpunkt der Untersuchung in einem Zertifizierungsprozess durch die BCS.

Folgende Schwierigkeiten für eine ökologische Produktion in diesem Betrieb und in dieser Region sind angegeben worden: fehlende Tierhaltung, Mangel an (Fach-)Personal, logistisch-technische Schwierigkeiten, fehlende Beratung, mangelhafte Aufklärung der regionalen Konsumenten, was den Absatz mit erhöhter Preislage für Bio-Lebensmittel nicht oder nur beschränkt zulässt. Konsumenten der Bio-Kartoffeln aus der ersten Ernte hätten aber mit einer verstärkten Nachfrage reagiert.

Es fehlt in diesem Bereich auch eine staatliche Förderung, wie sie in anderen Ländern üblich ist. Die wohl größte Anfangshürde wird in der Wirtschaftlichkeit gesehen: Man hat viel Mühe mit der Bio-Produktion, die sich nicht gleich rentiert, da das Bewusstsein bei den Konsumenten sich erst bilden muss. Andere Landwirte des Kooperativs „Baltfer" betrachten daher die Initiative des Betriebsleiters als Geldverschwendung. (Vgl. WILT, 2008).

Ob diese Situation sich im Zusammenhang mit der Eröffnung des Werks „HIPP-Kaliningrad" ändern wird, bleibt abzuwarten.

5.2.4.4 Weitere Betriebe

In der letzten News von Agrosofija (2008) sind zwei weitere Betriebe erwähnt worden, die an einer Ausstellung auf einer „Bio-Insel" ihre Produktion vorgestellt habon. Dio Namen dicscr Betriebe sind MIG und UDATSCHA.

Es sei kein Geheimnis, dass diese Betriebe seit den 90er Jahren ihre ökologische Rohware in die EU exportieren würden. Da nun aber bessere Bedingungen auf dem einheimischen Markt gegeben sind, wären die Betriebe auch an einem Absatz auf diesem Markt interessiert. Da der bestehende Bio-Markt nur ein kleines Fassungsvermögen für die Bio-Produkte dieser Betriebe bietet, würden sie auch weiterhin in die EU exportieren, da dies praktisch die einzige Absatzalternative darstellt (vgl. ebd.).

5.2.5 Organisationen in der Verarbeitung ökologischer Rohware

Als einer der Pioniere verarbeitender Betriebe wird eine russische Kampagne namens „Kofe Bljus" angesehen.

Sie ist im Jahre 1992 gegründet worden und begann im Jahr 2006 Kaffee zu importieren, der von IMO als „organic" zertifiziert wurde. Der Verarbeitungsprozess dieser Rohware ist im selben Jahr von EKOKONTROL zertifiziert worden.

Zum Verarbeitungsprozess des „Organic Coffee" gehört das Waschen und Rösten der Kaffeebohnen. Die Qualitätssicherung zur Wahrung des Status „prganic" erfolgt durch eine zeitliche Trennung der Verarbeitung dieser Bohnen. Aus demselben Grund erfolgt auch die Lagerung räumlich getrennt von anderen Kaffee-Sorten.

Der Handel mit ökologischem Kaffee führte bisher nicht zu den gewünschten Ergebnissen. Das Vorhaben, diesen Zweig in der Kaffeeproduktion aufzubauen, war laut W. LEBEDEW (2008) eher ein Wagnis. Ziel dieser Kampagne war es unter anderem ökologisch erzeugten Kaffee auf dem russischen Markt als Premium-Produkt zu vermarkten. (Vgl. ebd.)

Der Preis im Bio-Regal für diesen Premium Kaffee lag bei mehr als 6 Euro für 200 g Bio-Kaffee.

Des Weiteren verarbeiten viele der Erzeuger ihre ökologische Rohware betriebsintern. Dazu gehören u.a. die Metzgerei des Betriebs „Tolskij Zveroboi" (AGROSOFIJA, 2008), eine Getreidemühle in der Nähe der Betriebe UDATSCHA und MIG im Tula-Gebiet (ISENSEE, 2008) und Verarbeitungsprozesse der diversen Wildsammlungsprojekte. Diese Betriebe konnten leider nicht näher lokalisiert und beschrieben werden.

5.2.6 Hersteller ökologischer Betriebsmittel

Der ökologische Landbau wird bei einer offenen Aktiengesellschaft namens „GreenPik" zur Mission erklärt.

Diese Aktiengesellschaft handelt u.a. mit „Biohumus" und huminen Präparaten namens „Gumistar". 2007 sind sie erstmals von EKOKONTROL und später auch von IMO für den EU-Markt als Düngemittel für den ökologischen Landbau zertifiziert worden.

Im Produktionsprozess von Biohumus wird Kuhmist durch Vermikompostierung verarbeitet. Bei der Vermikompostierung kommen *Eisenia foetida*-Populationen zum Einsatz. „Gumistar" wird bei einer Extraktion des Biohumus gewonnen.

Darüber hinaus hat GreenPik eine Art Schulungszentrum für Landwirte, Studenten und alle an Vermikompostierung Interessierte eingerichtet (vgl. GREENPIK, 2008).

5.2.7 Handel

Seit dem 28.09.2006 ist in Moskau der BIO-Supermarkt „Grunwald" offen.
Laut einem Newsletter von GRUNWALD (2006) hat dieser Bio-Laden eine
Verkaufsfläche von 860 m² und bietet über 3000 zertifizierte Bio-Produkte
zum Verkauf an. Diese werden überwiegend aus Europa importiert.
Es gibt im Grunwald ein Café, einen Weinkeller, ein Kosmetik-Studio, eine
Bäckerei und eine Salat-Theke. Obwohl die Salate nur aus ökologisch
zertifizierten Produkten hergestellt worden sind, könnten sie, laut Auskunft
einer Verkäuferin, bei einem „Store-Check" am 20.06.08 nicht als Öko-
Gerichte ausgelobt werden, da der Verarbeitungsprozess zuvor
entsprechend zertifiziert sein müsste.
Nach einer mündlichen Auskunft von F. RUMPE (2008) sei die Preislage
von Bio-Produkten zwei- bis fünfmal teurer als in Deutschland. Daher kann
sich derzeit nur die obere Gesellschaftsschicht in Russland den Konsum
von Bio-Produkten leisten.

Weitere bekannt gewordene Händler, die ökologische Lebensmittel auf
dem russischen Markt anbieten, sind: „Azbuka Vkusa", „Arivera", ein
Internet-Shop namens „OrganicTrade" und weitere, die aus Zeitgründen
nicht näher untersucht wurden. Es ist aber sehr wahrscheinlich, dass der
überwiegende Teil der dort gehandelten Produkte aus Europa importiert
wird.

5.2.8 Wildsammlung

Die Wildsammlung schweift zwar etwas vom Untersuchungsobjekt ab,
doch können diese Projekte nicht unerwähnt bleiben, da die Investitionen
in diese Projekte sich bereits rentieren.
Nach CENSKOWSKY&HELBERG (2007, zit. nach: WILLER, 2007) gab es
in Russland fünf Wildsammlungsprojekte die zusammen 9 530t Wildwuchs
auf einer zertifizierten Fläche von 859 070ha im Jahr 2005 gesammelt
haben.

Nach Angaben von EKOKONTROL (2008) waren im Jahr 2007 drei solcher Projekte zertifiziert, die auf insgesamt 62 000ha u. a. Beeren und Pilze (siehe dazu Tabelle im Anhang 4) gesammelt haben.

Diese Projekte sollen an Hand des Beispiels[31] von „Saimaa Beverages Russia" etwas näher beschrieben werden.

Zu diesem Unternehmen gehören einige Beschaffungsstellen im Nord-Westen Russlands, hinzu kommen Kühl-, Verarbeitungs- und Lagerstätte und die Hauptgeschäftsstelle in Kostroma, die eine Filiale in Moskau und St. Petersburg hat (UCHANOWA, 2008). Laut Internetpräsenz des Unternehmens werden mehr als 300 Menschen beschäftigt (SAIMAA, 2008).

Im Jahre 2006 erhielt das Unternehmen erstmalig für seine Erzeugnisse den „Bio-Status" durch eine Zertifizierung im Sinne der EG-VO 2092/91, womit eine deutsche Zertifizierungsstelle (BCS-Öko-Garantie) beauftragt wurde.

Die Nachfrage nach diesen Produkten auf dem russischen Markt war bisher eher unbedeutend. Das meiste wird laut A. UCHANOVA (2008) in die Schweiz, nach Dänemark und Polen exportiert.

Durch die BCS ist sogleich eine Zertifizierung für den amerikanischen Markt erfolgt, wobei die Lieferungen nach Amerika bisher nicht so stabil waren, wie in die EU (ebd.).

5.2.9 Projekte und Initiativen

5.2.9.1 „HIPP-Kaliningrad"

Ein weiterer verarbeitender Betrieb ökologischer Rohware in der Russischen Föderation soll „HIPP-Kaliningrad" werden. Das Werk im Gebiet von Kaliningrad befand sich zum Untersuchungszeitpunkt noch im Aufbau und sollte laut E. SCHULIAK (2008) im Sommer 2009 eröffnet werden. In diesem Werk würde den Angaben zufolge zunächst ökologisch

---

[31]Die Auswahl diese Projekts erfolgte aufgrund eines persönlichen Kontakts auf der BIOFACH-Messe 2008.

zertifizierte Rohware aus Europa bis hin zur Babynahrung verarbeitet werden. Produkte aus der russischen Landwirtschaft, die den europäischen Standards entsprechen, können und sollen künftig in die Produktion mit hineinkommen. (Ebd.)

5.2.9.2 Organic Corporation

Eine der wohl jüngsten Akteure auf dem Sektor des ökologischen Landbaus in der Russischen Föderation ist die „Organic Corporation", die ihren Sitz in Moskau hat. Sie wurde im Jahre 2007 von N. Tswetkow gegründet.

Laut F. RUMPE (2008) führten die ersten Schritte von „Organic Corporation" zur Fusion mit „Bio-Market" bzw. Bioladen „Grünwald" (siehe Kapitel 5.2.7).

Die ursprüngliche Strategie, zunächst durch Importe ökologisch zertifizierter Lebensmitte, die bereits bestehende Nachfrage zu erhalten, wurde nicht aufgegeben.

Im Jahre 2007 ist im Auftrag dieser Aktiengesellschaft die Durchführung einer Marktuntersuchung (siehe dazu Kap. 5.5) veranlasst worden. Darauf aufbauend kam es zur Generierung eines neuen Konzepts.

Parallel dazu gab es viele verschiedene Aktionen im Bioladen, die mit einer Intensivierung der Öffentlichkeitsarbeit einhergingen, wodurch die Nachfrage nach Bio-Lebensmitteln etwas anstieg (GOLDINBERG, 2008).

Im nächsten Schritt sollte die Nachfrage vor allem nach frischen regionalen Lebensmitteln wie beispielsweise Milch, Obst und Gemüse aus eigener landwirtschaftlicher Produktion gedeckt werden.

Ein passender Betrieb wurde bereits für die ökologische Wirtschafsform vorbereitet und stand zum Untersuchungszeitpunkt vor einer Inspektion durch eine akkreditierte Zertifizierungsstelle (Bio-Inspecta) aus der Schweiz. Die Zertifizierung ist bisher noch nicht erfolgt.

Im weiteren Verlauf soll ein Restaurant in Moskau auf BIO „umstellen" und künftig überwiegend aus ökologischen Produkten hergestellte Gerichte servieren.

Laut F. RUMPE (2008) ist ein einziger Bioladen in einer 14-Millionen-Stadt wie Moskau nicht rentabel zu betreiben. Daher sollte eine Kette von Bioläden mit entsprechendem Markteintritt primär auf dem Moskauer Markt entstehen, wodurch die Importkosten anteilmäßig geringer werden könnten und das ganze Vorhaben rentabler zu betreiben wäre.

Die einheimisch erzeugten Produkte könnten bei den gegebenen Bedingungen auch exportiert werden. Er benennt diese Bedingungen wie folgt:

- Importpotential auf dem EU-Markt,
- Verfügbarkeit großer Mengen qualitativ hochwertiger Produkte,
- EU-akkreditierte Zertifizierung der Ware,
- politischer Wille für den Export (da sonst sehr viele Steuern anfallen würden).

Bis auf den ersten Punkt sind diese Bedingungen nicht gegeben.

F. RUMPE (2008) bezeichnet es als wichtig, dass zunächst für den lokalen Markt produziert wird, weil es sich als schwierig erweisen könnte, nur für den Exportmarkt zu produzieren.

Abschließend kann festgehalten werden, dass die „Organic Corporation" auf die gutsituierte Bevölkerung Moskaus abzielt. Womöglich wird sich dieses Vorhaben zu einer „Bio-Agroholding" entwickeln, welche Produktion, Verarbeitung und Handel ökologischer Lebensmittel in sich vereint.

5.3 Staatliche Regelungen, Standards und Zertifizierung

Laut WIKIPEDIA[32] (2008) unterscheidet ein russisches Gesetz „über die technischen Regulierung" aus dem Jahre 2002 erstmals zwischen einem Standard und einem „technischen Regelwerk"[33].

Demnach haben Standards eher einen freiwilligen Charakter, während „technische Regelwerke" eher verpflichtend und bindend sind.

---

[32]Eigene (nicht offizielle) Übersetzung.
[33]Eigene Bezeichnung des Begriffs „технический регламент" (engl. technical regulations).

Diese Regelwerke sollen mit folgenden Zielen erarbeitet werden:

- Schutz des Lebens und der Gesundheit der Bürger, Schutz des Eigentums natürlicher und juristischer Personen sowie staatlichen und gemeinschaftlichen Eigentums;
- zum Schutz der Umwelt, des pflanzlichen und tierischen Lebens;
- Vorbeugung von Handlungen, die auf Verbraucher irreführend wirken.

Im vorrübergehenden Stadium, in welchem die notwendigen Regelwerke erarbeitet werden, sollen zuvor verabschiedete normative Grundlagen wie GOST (GOST R) oder sanitäre Normen und Regeln (SNIP, SanPiN) zwecks Erreichung obiger Ziele Verwendung finden (vgl. WIKIPEDIA, 2008).

Mit der Erarbeitung eines „technischen Regelwerks" für den Bereich „ökologische Landwirtschaft und Naturnutzung" ist zwar vor Jahren begonnen worden, doch fehlt weiterhin eine verbindliche Rechtsvorschrift für diese Art von Landwirtschaft.

Seit dem 01.07.2008 ist eine SanPiN rechtswirksam geworden, die diesen Bereich vorübergehend bindend regeln und vor allem schützen soll.

5.3.1 SanPiN 2.3.2.2354-08

Am 14.05.2008 wurde vom „Rospotrebnadzor" (im Folgenden russischer Verbraucherschutz; siehe dazu Kapitel 5.2.1) der Beschluss „Sanitär-epidemiologische Forderungen an organische Lebensmittel" (SanPiN 2.3.2.2354-08) zur Erweiterung des SanPiN 2.3.2.1078-01 „Hygienische Anforderungen an die Sicherheit und an die ernährungsphysiologische Wertigkeit von Nahrungsmitteln" (im Folgenden Lebensmittelverordnung) erlassen. D. h., dass durch den Beschluss eine bestehende Lebensmittelverordnung um den Anhang des Beschlusses erweitert wurde.

Dieser Beschluss enthält in seinem Anhang eine Definition und eine Reihe von Anforderungen und Bedingungen, die bei einem Produkt erfüllt sein müssen, wenn es als „organic" gekennzeichnet wird.

Zum Anwendungsbereich dieser Verordnung gehören die sanitär-epidemiologischen Regeln und Normen, die u. a. Anforderungen an die Herstellung, Einfuhr und dem Handel von Nahrungsmitteln bestimmen (vgl. SanPiN 2.3.2.1078-01, 2003).

Der Beschluss zur Erweiterung der Verordnung ist am 24.05.2008 beim Ministerium für Justiz registriert worden und trat ab dem 01.07.2008 in Kraft.Der Inhalt des Beschlusses wird hier in einer nicht offiziellen Übersetzung zum Teil wiedergegeben.

Zu den Änderungen und Ergänzungen der Lebensmittelverordnung gehören: Definition „organische Produkte"[34]; sanitär-epidemiologische Anforderungen an diese Lebensmittel; alle Tabellen des Anhangs 2 der Leitlinien des Codex Alimentarius (siehe dazu Kapitel 3.2), sowie eine zusätzliche Tabelle mit Angaben zu Futtermitteln, die bei der Herstellung organischer Produkte erlaubt sind.

Die Definition „organische Produkte" besagt demnach, dass es sich dabei um Nahrungsmittel handelt, deren Herstellungsprozess nur Technologien beinhalten, die sicherstellen, dass keine

- Pestizide und andere Pflanzenschutzmittel,
- chemische Düngemittel,
- Stimulatoren der Mast von Tieren und Wachstumsstimulatoren,
- Antibiotika,
- hormonale und tierärztliche Präparate,
- GVO verwendet wurden,
- und keine Verarbeitung mit ionisierender Strahlung erfolgt ist.

Es wird zwar ein Produktionsprozess erwähnt, wie er aber zu erfolgen hat oder wie er kontrolliert werden soll, geht aus dieser gesetzlichen Grundlage noch nicht hervor.

Da bei der Gleichwertigkeitsprüfung in Bezug auf den Codex Alimentarius (GL 32) vor allem das Kontrollsystem entscheidend ist, kann diese gesetzliche Grundlage in Russland noch nicht als „gleichwertig" anerkannt werden. Dennoch besteht in Russland die Möglichkeit nach der EU-Öko-Verordnung zu wirtschaften.

---

[34] органические продукты

5.3.2 Freiwilliges Kontrollsystem

In Zusammenarbeit mit russischen Behörden und weiteren Organisationen in Europa hat A. Khodus die EU-Verordnung für den ökologischen Landbau 2092/91 in die russische Sprache übersetzt. Die Übersetzung ist an Russland angepasst und als (freiwilliger) Standard einer Organisation (StO) am 01.08.2005 staatlich registriert worden. Diese Standards werden derzeit bei Agrosofija als private, verbandseigene Richtlinie (siehe dazu Kapitel 5.3) verwendet.

Diese verbandseigene Richtlinie „über ökologische Landwirtschaft, ökologische Naturnutzung und entsprechende Kennzeichnung ökologischer Ware" ist derzeit die einzige Grundlage in Russland, die internationalen Vorgaben am ehesten gerecht werden kann.

Nach eigener Einschätzung ist die gesamte Struktur der EG-VO 2092/91 in der Übersetzung erhalten geblieben. Auch Inhalt der Tabellen weist keine Abweichungen auf.

Laut A. KHODUS (2008) besteht der Unterschied zwischen StO Agrosofija und der EG-VO 2092/91 lediglich darin, dass an die Stelle der EU-Mitgliedstaaten nun Subjekte der Russischen Föderation getreten sind.

Eine vergleichende Analyse dieser Gesetzestexte konnte im Rahmen dieser Arbeit nicht durchgeführt werden. Dies sollte im Rahmen einer Akkreditierung von Zertifizierungsstellen abgeprüft werden.

Erwähnenswert erscheint die Abwesenheit des Bezugs zu den GL32, die für den Import ökologischer Lebensmittel in die EU von Bedeutung sind. Vermutlich wurde deshalb auf ihre Erwägung verzichtet.

Die StO Agrosofija ist beim ehemaligen GOSSTANDART als ein Projekt für ein technisches Regelwerk in dem Bereich der „ökologischen Landwirtschaft, ökologischen Naturnutzung und entsprechender Kennzeichnung ökologischer Produkte" in der Russischen Föderation von Agrosofija bzw. A. KHODUS vorgelegt worden. Das Projekt befand sich in einer 15-monatigen[35] öffentlichen Diskussionsphase.

---

[35]Eine zweimonatige öffentliche Diskussion des Entwurfs ist als gesetzliches Minimum vorgegeben.

Das Ende der Diskussionsphase ist im Juli 2005 durch die Agentur für „technisches Regeln und Metrologie" (siehe dazu Kapitel 5.2.1) mitgeteilt worden. Das Projekt fand keine praktische Umsetzung. Es blieb beim freiwilligen Standard (StO).

5.4 Forschung, Ausbildung und Beratung

Forschungszentrum „Asteko"

2005 ist in Astrachan ein wissenschaftliches Ausbildungs- und Forschungszentrum namens „Asteko" von N. Semtschuk, Leiterin dieses Zentrums, gegründet worden.

Laut Internetpräsenz von ASTEKO (2008) vereint dieses Zentrum das Ausbildungs- und Forschungspotential der Astrachaner-Staats-Universität (ASU) mit Instituten der russlandweiten Akademie für Agrarwissenschaften (RASChN).

Ziel dieses Zentrums ist die Forschung auf dem Gebiet des ökologischen Landbaus in Zusammenarbeit mit anderen Instituten und Universitäten, um innovative Entwicklungen zu verwirklichen.

Das Zentrum soll die Grundlage bilden, Ausbildungs- und Umschulungsmöglichkeiten für wissenschaftlich-pädagogische Fachkräfte auf Hochschulniveau zu bieten. Studenten, Aspiranten und Gelehrte werden motiviert an Forschungen und innovativen Entwicklungen des ökologischen Landbaus mitzuwirken.

Zum Aufbau des Zentrums gehören ein internationaler Fachbereich und ein Ausbildungsfachbereich.

Der internationale Fachbereich übernimmt die Koordination der Zusammenarbeit mit anderen Agrarfakultäten und Fakultäten des ökologischen Landbaus europäischer Universitäten. Dazu gehört auch die Zusammenarbeit mit Vereinigungen[36] im Ausland, die für Studierende Praktika oder Studium bzw. für Landwirte eine Ausbildung ermöglichen.

Der Ausbildungsfachbereich stellt die Erarbeitung eines Ausbildungs-programms speziell für den ökologischen Landbau zusammen und integriert dessen Umsetzung in den Ausbildungsprozess der Agrarfakultät

---

[36] wie zum Beispiel LOGO e.V.

an der ASU. Dieser Fachbereich lädt führende Wissenschaftler aus forschenden wissenschaftlichen Institutionen ein, um Vorlesungen zum ökologischen Landbau zu halten und wissenschaftliche Arbeiten von Studierenden oder Doktoranden zu begleiten. Zum Aufgabengebiet dieses Fachbereichs gehört die Organisation und Durchführung von Konferenzen bzw. Seminaren, die Wissenschaftlern und Studenten der Agrarfakultät, auch Landwirten sowie europäischen Praktikanten bzw. Studenten angeboten werden.

Erste Projekte dieses Zentrums haben bereits eine russische Auszeichnung für Innovation erhalten. (Vgl. SEMTSCHUK, 2008).

Ausbildung

Es sind keine Ausbildungsmöglichkeiten in Russland bekannt geworden, die speziell für den Bio-Bereich zugeschnitten wären. A. Khodus verfügt über eine DVD-Reihe mit Vorlesungen zu dieser Thematik, dessen Inhalt aus zeitlichen Gründen während des Aufenthalts in Russland nicht näher studiert werden konnte.

Die Hochschulbildung im Agrarbereich führt überwiegend zu spezifisch ausgebildeten Fachkräften, die sich meist im gesamten Studium auf einen der Bereiche Boden, Mechanisierung der Landwirtschaft, Pflanzenbau und andere konzentrieren. Derzeit durchläuft das russische Bildungssystem einen Wandel im Zusammenhang mit dem Bologna-Prozess. Dadurch ergibt sich ein gewisser Raum für Innovation im Bildungssystem selbst.

Beratung

Beratungsmöglichkeiten werden überwiegend aus dem europäischen Ausland angeboten. Aus Russland kann derzeit A. Khodus eine fachkundige Beratung anbieten, die mehr oder weniger im Zusammenhang mit einer Zertifizierung und deren Kontrolle steht.

5.5 Marktentwicklung und Perspektiven

Einen Einblick in die frühere Marktsituation ökologischer Lebensmittel in Russland gewährt folgender Zeitungsartikel: *„Bis jetzt gibt es in Russland keine gesetzlichen Richtlinien für die Zertifizierung von Ökoproduktion. Damit kann jeder Farmer seine Lebensmittel als ‚bio' bezeichnen – und das wird auch gerne gemacht. Laut einer Umfrage der Marketing Agentur CVS Consulting markieren 48 Prozent der russischen Hersteller ihre Produkte als ‚bio', ‚öko' oder ‚natürlich', ohne deren Herstellungsprozess zertifizieren zu lassen"* (PETRENKO, 2005).

„Damit die heimischen Märkte entwickelt werden können, ist vor allem wichtig, dass die Produkte eindeutig gekennzeichnet werden" (REUTER, 2005).

Die Situation hat sich zwar in Bezug auf die gesetzliche Lage etwas gebessert, doch ist damit ein Vorgehen gegen den Bio-/Öko-Etikettenschwindel nicht möglich, weil aktuell nur „organische Produkte" von der Lebensmittelverordnung geschützt werden (siehe dazu Kapitel 5.3.1).

Insgesamt kann man nach K. REUTER (2005) bei der Beurteilung der Marktentwicklung „von vier Phasen ausgehen, wobei die reifen Märkte (Österreich, Schweiz) der Konsolidierungsphase zuzuordnen sind:

1. Pionierphase: Bio-Produkte sind im Fachhandel vertreten.

   Marktentwicklung: Auch konventionelle Einzelhändler beginnen mit der Vermarktung von Bio-Produkten.

2. Boomphase 1: Bio-Produkte sind in fast allen Einzelhandelsketten vertreten.

   Marktentwicklung: Das Bio-Sortiment wird breiter, überzeugt durch Qualität. Auch Discounter steigen in die Bio-Vermarktung ein.

3. Konsolidierungsphase: Breites Bio-Sortiment, Tendenz zur Marktstagnation.

   Marktentwicklung: Preisabstand bio - konventionell sinkt aufgrund von Skaleneffekten, Vermarktung wird professioneller und effizienter, hoher Anteil regelmäßiger Bio-Käufer.

4. Boomphase 2: neue Kundenschichten, Marktanteil über 5%."

Demnach ist die aktuelle Marktentwicklung ökologischer Lebensmittel in Russland der Pionierphase zuzuordnen, da Bio-Produkte noch in wenigen konventionellen Einzelhandelsketten zu finden sind.

„Für die Weiterentwicklung der Ökomärkte in Mittel- und Osteuropa ist es für die Akteure wichtig, die Erfolgsfaktoren der ‚öko-entwickelten' Länder nicht nur zu kennen, sondern auch die Anwendbarkeit auf die nationalen Gegebenheiten bewerten zu können. Die Orientierung an erfolgreichen, bereits etablierten Ökomärkten (hier: Deutschland, Österreich, Schweiz) kann im Sinne eines Benchmarking oder Leapfrogging Entwicklungsschritte vereinfachen bzw. Potentiale aufzeigen" (REUTER, 2005).

Als Ergänzung sollen an dieser Stelle die erwähnten Erfolgsfaktoren gelistet werden, ohne auf die einzelnen Erfolgsfaktoren in diesem Rahmen näher einzugehen.

<u>Erfolgsfaktoren für die Organisation von Ökomärkten *(vgl. ebd.)*:</u>

1) *Rahmenbedingungen*
   a) *Institutionalisierung des Ökolandbaus*
   b) *Erfolgsfaktor Konsument*
   c) *Erfolgsfaktor Kennzeichnung*
   d) *Erfolgsfaktor Preis*
2) *Landwirtschaftliche Produktion*
3) *Verarbeitung*
   a) *Erfolgsfaktor Absicherung (Absatzsicherheit, Rohstoffverfügbarkeit)*
   b) *Menschliche Faktoren*
   c) *Erfolgsfaktor Kooperation (externe Organisation)*
   d) *Erfolgsfaktor Infrastruktur*
4) *Handel*
   a) *Erfolgsfaktor engagierte LEH-Unternehmen*
   b) *Erfolgsfaktor Sortiment und Platzierung*

Eine Orientierung an den ausländischen Erfolgsfaktoren erfolgt zwar, doch war der Erfolg bisher eher bescheiden. Nicht wenige nennenswerte Geschäfte waren auf dem Moskauer Markt eher Verlust bringend und wurden schließlich geschlossen.

Situation des Bio-Marktes und Entwicklungsmöglichkeiten

Im Jahr 2007 fand im Auftrag von „Organic Corporation" eine Untersuchung des Marktes für ökologische Lebensmittel statt. Folgender Teil der Ergebnisse sind mündlich von F. RUMPE (2008) mitgeteilt worden. Sie werden in folgender Abbildung veranschaulicht:

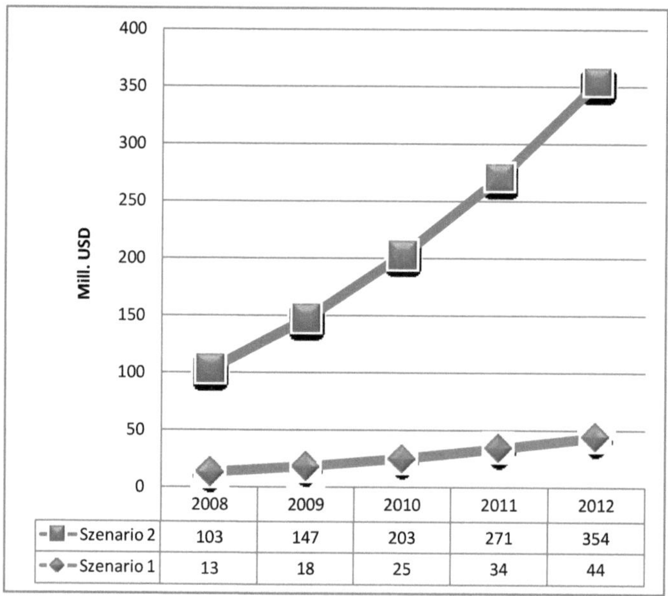

	2008	2009	2010	2011	2012
–■– Szenario 2	103	147	203	271	354
–◆– Szenario 1	13	18	25	34	44

Abb. 7: Entwicklungsmöglichkeiten des russischen Bio-Markts

F. RUMPE (2008) erklärte, dass die Berechnung der Werte für zwei Szenarien erfolgte.

Im ersten Szenario wurde geprüft, wie sich der Umsatz entwickeln würde, wenn keine zusätzlichen[37] Maßnahmen zur Steigerung des Umsatzes erfolgten.

---

[37] Zusätzlich zu den Maßnahmen aus dem Jahre 2007.

Im zweiten Szenario wurde entsprechend geprüft, wie groß der Umsatz sein könnte, wenn allen möglichen Maßnahmen dazu erfolgen würden (ebd.).

Bei der Berechnung der Daten für die Szenarien sind folgende Annahmen unterstellt worden:

- In den nächsten zehn Jahren werden die Antriebskräfte des russischen Marktes für ökologische Lebensmittel denjenigen in Europa gleichen bzw. ähneln
- In Europa stieg der Pro-Kopf-Konsum ökologischer Lebensmittel in Korrelation zum Wachstum des BIPs pro Kopf (basierend auf Daten von 16 europäischen Ländern)
- Die russische Bevölkerungsdichte wird abnehmen
- Das BIP pro Kopf wird in der Russischen Föderation zunehmen

Die aktuelle Marktsituation für ökologische Lebensmittel liegt weit hinter ihrem Potential zurück (RUMPE, 2008).

Obwohl ein starker Anstieg des Handels mit ökologischen Lebensmitteln erwartet wird, sei abzusehen, dass im Jahre 2012 der Anteil dieses Handels am gesamten Lebensmittelhandel in Russland 0,16% nicht übersteigen würde (ebd.).

Es ist aufgrund der Wirtschaftskrise nicht abzusehen, ob die Entwicklung eher in Richtung erstes Szenario geht oder beim zweiten Szenario liegen wird.

6 Zusammenfassung

Zusammenfassend wird in diesem Kapitel die Fragestellung aus der Einleitung abschließend beantwortet.

1. Wie sind die Rahmenbedingungen für den ökologischen Landbau in der Russischen Föderation?

Russland ist im Agrarhandel Nettoimporteur. Ein „Sorgenkind" der russischen Landwirtschaft stellt die Tierhaltung dar. Besonders stark ist Russland in der Weizenproduktion. Der gesamte Agrarkomplex entwickelt sich rasant. Aus der Transformation der russischen Wirtschaft ergeben sich sowohl positive als auch negative Bedingungen für eine Umstellung auf den ökologischen Landbau. Insgesamt sind die Rahmenbedingungen hierfür besser als in den letzten Jahrzehnten der Russischen Föderation.

2. Seit wann gibt es in der Russischen Föderation den ökologischen Landbau im Sinne der IFOAM und wie hat er sich dort entwickelt?

Bereits 1989 ist von Seiten der Wissenschaft damit begonnen worden, ökologischen Landbau unter sowjetischen Bedingungen zu erproben. Eine größere Ausbreitung dieser Wirtschaftsform stieß auf Hindernisse. Hinzu kam 1992 der Zerfall der Sowjetunion und die damit einhergehende Transformation der russischen Wirtschaft. Dadurch war der russische Agrarkomplex in eine mehrjährige Krise geraten. Trotz der schwierigen Lage hat es Einrichtungen für Zertifizierung, Produktion und Verarbeitung gegeben. Die bisherige Entwicklung zeichnet sich durch große Schwankungen in der Anzahl und der Fläche zertifizierter Betriebe. Die unstabilen Rahmenbedingungen sind sicherlich nur ein Grund dafür, dass die Entwicklung dieser Wirtschaftsform bislang nicht nachhaltig war.

3. Welche Standards, Anbauverbände, Institutionen und Zertifizierungsmöglichkeiten gibt es?

Es gibt speziell für „organische Produkte" eine bindende gesetzliche Grundlage, die erst seit dem 01.07.2008 in Kraft getreten ist. Dadurch ist der Begriff „organische Produkte" rechtlich geschützt. Ein Produktionsprozess dieser Produkte sowie seine Kontrolle sind durch dieses Dokument noch nicht vorgeschrieben.

Ein „technisches Regelwerk" für den ökologischen Landbau liegt beim entsprechenden Amt als Entwurf schon seit mehreren Jahren vor. Bis zur Verabschiedung dieser rechtsbindenden Vorgaben können sie, als staatlich registrierte StO von AGROSOFIJA, freiwillig eingehalten werden.

AGROSOFIJA ist ein einheimischer Anbauverband und gilt als Entwickler eines freiwilligen BIO-Zertifizierungssystems, in dessen Rahmen ein verbandseigenes BIO-Siegel staatlich geschützt ist.

Es gibt landwirtschaftliche Betriebe, die zum Teil neu entstanden sind. Ein anderer Teil wird schon seit mehr als einem Jahrzehnt nach ökologischen Prinzipien bewirtschaftet. Weitere Betriebe befinden sich im Zertifizierungs- bzw. Umstellungsprozess. Es gibt auch zertifizierte verarbeitende Betriebe. Am erfolgreichsten sind derzeit Wildsammlungsprojekte, deren Produktion überwiegend in die EU exportiert wird.

In Fragen der Zertifizierung agiert die EKOKONTROL GmbH, welche bei Bedarf den russischen Produzenten eine Zertifizierung auch für den europäischen Bio-Markt ermöglichen kann.

Darüber hinaus gibt es ernst zu nehmende Projekte und Initiativen.

4. Bestehen Möglichkeiten/Kapazitäten zur Ausbildung, Beratung und Forschung?

Da es in diesem Entwicklungsstadium schwerfällt von einem Bio-Sektor im russischen „Agrarkomplex" zu sprechen, kann von einer speziellen Ausbildung für den Bio-Bereich in Russland noch nicht die Rede sein. Mehrmonatige Praxisaufenthalte auf deutschen Bio-Höfen werden schon seit Jahren russischen Agrarstudenten beispielsweise durch die Vereine LOGO oder APOLLO möglich gemacht.

An der Astrachaner-Staats-Universität gibt es ein Zentrum namens „Asteko". Die ersten Forschungsergebnisse dieses Zentrums erhielten einen Preis für Innovation.

Beratung wird meist aus dem Ausland angeboten. Es gibt nur sehr wenige Experten, die über Kompetenzen in diesem Bereich verfügen.

5. Wie ist die Marktentwicklung ökologischer Lebensmittel in der Russischen Föderation und wie sind die Perspektiven?

Der Handel ökologischer Lebensmittel konzentriert sich derzeit auf die Städte Moskau und St. Petersburg. Nach einer Einteilung von K. REUTER (2005) kann die Marktentwicklung in vier Phasen eingeteilt werden. Demnach ist der russische Markt ökologischer Lebensmittel noch in der ersten Phase: Neben dem Bio-Fachhandel haben auch konventionelle Lebensmittelhandelsketten mit der bewussten Vermarktung ökologischer Lebensmittel begonnen.

Die ökonomische Bedeutung des Handels mit ökologischen Lebensmitteln in Russland kann durch ihren Anteil am gesamten Lebensmittelhandel der Russischen Föderation ausgedrückt werden: Für das Jahr 2008 lag dieser Anteil bei etwa 0,009%. 2012 würde dieser Anteil bestenfalls nicht höher als 0,16% betragen.

7 Quellenverzeichnis

Agrosofija (2003): Newsletter vom 18. März 2003. Online verfügbar unter http://biodynamic.ru/ru/agrosofia/news/2003-03-18-19/, zuletzt geprüft am 23.11.2008.

Agrosofija (2005): Newsletter vom 20.04.2005. Online verfügbar unter http://biodynamic.ru/ru/agrosofia/news/2005-04-20-20/, zuletzt geprüft am 23.11.2008.

Agrosofija (2006): Newsletter vom 25.04.2006. Online verfügbar unter http://biodynamic.ru/ru/agrosofia/news/2006-04-25-23/, zuletzt geprüft am 23.11.2008.

Agrosofija (2008): News. Online verfügbar unter http://biodynamic.ru/ru/agrosofia/news/, zuletzt geprüft am 07.12.2008.

Apollo e.V. (1993): Jahresberichte 1992 und 1993. In: Dürr, S. (Hg.): Ökologischer Landbau in Russland. Aktivitäten 1990 – 1993. Köln .

Asteko (2008): Forschungszentrum an der Astrachaner-Staats-Universität. Online verfügbar unter http://www.aspu.ru/?id=1381, zuletzt geprüft am 07.09.08.

Bruisch, K. (2007): Entwicklungstendenzen landwirtschaftlicher Familienbetriebe in Russland seit 1990. Halle (Saale): Leibniz-Institut für Agrarentwicklung in Mittel- und Osteuropa (Discussion paper/Institut of Agricultural Development in Central and Eastern Europe, No. 108).

Buys, J. (1993): Conversion towards Organic Agriculture in Russia: A Preliminary Study. In: Biological agriculture & horticulture, S. Vol. 10, No. 2 (1993),125.

Buys, J. (1993): Umstellung auf Ökolandbau in Rußland: Fiktion oder reele Notwendigkeit. In: Duerr, S. (Hg.): Ökologischer Landbau in Russland. Aktivitäten 1990 – 1993. Köln, S. 42–45.

Censkowsky, U.; Helberg, U. (2007): Organic Wild Collection 2006. In: Willer, H. Yussefi M. (Hg.): The World of Organic Agriculture. Statistics and Emerging Trends 2007. Bonn, Frick.

Dürr, S. (1993): Ökologischer Landbau in der Russischen Föderation. In: Duerr, S. (Hg.): Ökologischer Landbau in Russland. Aktivitäten 1990 – 1993. Köln, S. 3 ff.

Dürr, S. (2007): Agroholdings in Russland. In: Nachrichten des Verbandes der Deutschen Wirtschaft in der Russischen Foderation (2007): Ein Interview mit dem Präsident der Firmengruppe „EkoNiva" S. Dürr. EkoNiva. Online verfügbar unter http://www.ekoniva.vrn.ru/cgi-bin/en_info?req=shnode;id=658

Dürr, S. (Hg.) (1993): Ökologischer Landbau in Russland. Aktivitäten 1990 – 1993. Köln.

EkoKontrol (2005): Freiwilliges Zertifizierungssystem BIO. Newsletter vom 01.08.2005. Online verfügbar unter http://www.biodynamic.ru/ru/agrosofia/news/2005-08-01-16/, zuletzt geprüft am 12.01.2009.

EkoKontrol (zit. als 2008-a): Bio-Zertifizierung 2006. Online verfügbar unter http://biodynamic.ru/ru/sertification/eco-control/eco_certification_2006/, zuletzt geprüft am 23.11.2008.

EkoKontrol (zit. als 2008-b): Bio-Zertifizierung 2007. Online verfügbar unter http://www.biodynamic.ru/ru/sertification/news/2008-01-19-74/, zuletzt geprüft am 23.11.2008.

EkoNiva (2008): Über das Unternehmen und seine Geschichte. Online verfügbar unter http://www.ekoniva.nichost.ru/rus/company/about/, zuletzt geprüft am 22.10.08.

Europäisches Parlament (Hg.) (2007): Änderungsanträge 180 – 338. Entwurf eines Berichts (PE 380.703v01-00). Online verfügbar unter http://www.europarl.europa.eu/sides/getDoc.do?pubRef=-//EP//NONSGML+COMPARL+PE-382.624+01+DOC+WORD+V0/ /DE&language=DE, zuletzt geprüft am 12.12.2008.

FAO (2007): Permanent Crops & Arable Land. Karte der Russischen Föderation (siehe Titelblatt). Online verfügbar unter http://www.fao.org/countryprofiles/Maps/RUS/12/al/index.html, zuletzt geprüft am 11.02.2009.

FAO&WHO (1999): Guidelines for the Production, Processing, Labeling, and Marketing of Organically Produced Foods GL 32–1999. Online verfügbar unter www.fao.org/organicag/doc/glorganicfinal.pdf, zuletzt aktualisiert am 24.01.2002, zuletzt geprüft am 09.10.2008.

FAO; IFOAM; UNCTAD (2008): Guide for Assessing Equivalence of Organic Standards and Technical Regulations. Online verfügbar unter http://www.itf-organic.org/equitoolguide.html.

Ganitschev (1993) zit. nach: Duerr, S. (Hg.): Ökologischer Landbau in Russland. Aktivitäten 1990 – 1993. Köln.

Gklavakis, I. (2007): Änderungsantrag 319. Artikel 27 Absatz 3 Buchstabe a. In: Europäisches Parlament (Hg.) (2007): Änderungsanträge 180 – 338. Entwurf eines Berichts (PE 380.703v01-00). Online verfügbar unter http://www.europarl.europa.eu/sides/getDoc.do?pubRef=-//EP//NONSGML+COMPARL+PE-382.624+01+DOC+WORD+V0/ /DE&language=DE, zuletzt geprüft am 12.12.2008., S. 69-70.

Goldinberg, M. (20008): Mündliche Auskunft über die Öffentlichkeitsarbeit der „Organic Corporation" am 05.06.08. Moskau.

Goldstein, W. (1993): Leitmotive zur Entwicklung des Ökogischen Landbaus in den GUS-Staaten. In: Duerr, S. (Hg.): Ökologischer Landbau in Russland. Aktivitäten 1990 – 1993. Köln.

GreenPik (2008): Грин-ПИКъ 300 – Mission. Online verfügbar unter http://green-pik.ru/sections/17.html, zuletzt geprüft am 05.07.2008.

Grossklaus, R. (2006): Die Gesundheit der Verbraucher/innen schützen und gerechte Handelsstrukturen herstellen. Die Bedeutung der Lebensmittelqualitätsstandards des Codex Alimentarius für Produktion und Verbrauch. Online verfügbar unter http://www.asg-goe.de/pdf/asgtagung06_grossklaus.pdf, zuletzt geprüft am 16.12.2008.

Grunwald (2006): Otkrytie ekosupermarketa „Grjunwald" (deutsch: Eröffnung des Ökosupermarkts „Grünwald"). Newsletter vom 28.09.2006. Online verfügbar unter http://www.grunwald.ru/ru/today_in_grunwald/index.php?afrom4=10. 01.2006&ato4=10.11.2007&x=44&y=15&from4=2&id4=81, zuletzt geprüft am 16.10.2008.

Hanisch, M. et al. (2001): In Search of the Market: Lessons from Analysing Agricultural Transition in Central and Eastern Europe, Paper for the Congress Exploring Diveristy in the European Agri-Food System, Zaragoza, zit. nach: Reuter, K. (2005): Marketing-Chain-Management auf Ökomärkten in ausgewählten Ländern Mittel- und Osteuropas. Zugl.: Berlin, Humboldt-Univ., Diss., 2005. 1. Aufl. Berlin: Köster (Wissenschaftliche Schriftenreihe ökologischer Landbau, 3).

IFOAM (2007): The IFOAM NORMS for ORGANIC PRODUCTION and PROCESSING. VERSION 2005. Online verfügbar unter www.ifoam.org, zuletzt geprüft am 04.09.2008.

IFOAM (zit. als 2008-a): Defining Organic Agriculture for the World. Online verfügbar unter http://www.ifoam.org/organic_facts/doa/index.html, zuletzt geprüft am 04.09.2008.

IFOAM (zit. als 2008-b): Vorläufige Standards. Online verfügbar unter http://www.ifoam.org/germanversion/arbeit_der_ifoam/standards_und _zertifizierungen/richtlinien.html, zuletzt geprüft am 12.08.2008.

IMO, Institute for Marketecology (2003): Datenquelle für „Russia". In: Yussefi, M. Willer H. (Hg.): The World of Organic Agriculture. Statistics and Future Prospects. 2003. Tholey-Theley.

IMO, Institute for Marketecology (2005): Datenquelle für „Russia". In: Willer, H. Yussefi M. (Hg.): The World of Organic Agriculture. Statistics and Emerging Trends 2005. Bonn.

Isensee, M. (2008): Mündliche Auskunft über Betriebe in Russland am 03.09.08. Telefonat.

Kaestner, M.; Reto, I. (Hg.) (1998): Ökologischer Landbau in Mittel- und Osteuropa: Jahrbuchreihen und Informationszentren in Polen, Tschechien, Ungarn und Russland. Holm: Deukalion-Verl. (SÖL-Sonderausgabe, 71).

Khodus, A. (1999): Uprawlenie proizwodstwom i sbytom ekologitscheskoi produkzii v Rossii. (deutsch: Steuerung der Produktion und Vermarktung ökologischer Erzeugung in Russland). Timiriasev-Akademie (Moskau). Dissertation. Betreut von Ju. Korolev.

Khodus, A. (2008): Mündliche Auskunft am 02.06.2008 über die Entwicklung von Agrosofia und EkoKontrol, persönlichen Werdegang und aktuelle Aktivitäten. Solnetschnogorsk.

Kontemirov, R. F. (2007): Ekonomiko-oganizazionye aspekty proizwodstwa ekologitscheskoi sel'skochoziastvenoi produkzii v mire. (deutsch: Wirtschaftliche und organisatorische Aspekte der weltweiten Produktion ökologischer, landwirtschaftlicher Erzeugnisse). Wserossiski nautschno-issledovatel'ski institut ekonomiki sel'skogo chozjaistva. Dissertation. Moskau.

Lebedew, W.: Mündliche Auskunft über "Kofe Bljus" am 07.06.2008. Telefonat.

Mineew, W. G. et. al (1993): Biologitscheskoe semledelie i miniralnye udobrenia (deutsch: Biologischer Landbau und mineralische Düngung). Unter Mitarbeit von B. Debrezeni und T. Masur. Moskau: Kolos.

Moritsch, A. (1986): Landwirtschaft und Agrarpolitik in Rußland vor der Revolution. Wien; Köln; Graz: Böhlau.: Wiener Archiv für Geschichte des Slawentums und Osteuropas (12).

Nachrichten des Verbandes der Deutschen Wirtschaft in der Russischen Föderation (2007): Ein Interview mit dem Präsident der Firmengruppe "EkoNiva" S. Dürr. EkoNiva. Online verfügbar unter http://www.ekoniva.vrn.ru/cgi-bin/en_info?req=shnode;id=658, zuletzt geprüft am 05.07.2008.

Nakariakov, A. (2008): Mündliche Auskunft über "Tolskij Zweroboi GmbH" am 23.06.08. Tula-Gebiet.

Nikitina, S. W. (2007): Organisazija ekologitscheskogo selskochosjastwennogo proiswodstwa w uslowijach regiona. (deutsch: Organisation ökologischer, landwirtschaftlicher Produktion auf der regionalen Ebene. Teorija, Metodologija, Praktika. (deutsch: Theorie, Methodik, Praxis.). St. Petersburg: SPbGUEF.

Novikov, Ju (1998): Mythen dr Agrarindustrialisierung. In: Kaestner, M.; Reto, I. (Hg.): Ökologischer Landbau in Mittel- und Osteuropa: Jahrbuchreihen und Informationszentren in Polen, Tschechien, Ungarn und Russland. Holm: Deukalion-Verl. (SÖL-Sonderausgabe, 71), S. 121–127.

o.V. Zeitungsartikel (2005): Wer verdient an organischen Produkten aus Russland? Erschienen in Krestjanskie Vedomasti am 07.06.05. Online verfügbar unter http://rosinvest.com/news/100348, zuletzt geprüft am 05.04.2008.

Petrenko, T. (2005): Wo „bio" drauf steht, ist nicht immer „bio" drin. Produkte aus ökologischem Anbau sind in Russland eine mehrheitlich importierte Randerscheinung. In: Moskauer Deutsche Zeitung, 28.10.2005. Online verfügbar unter http://www.mdz-moskau.eu/index.php?date=1130488388, zuletzt geprüft am 05.07.2008.

Rat der Europäischen Wirtschaftsgemeinschaft (1991): Verordnung Nr. 2092/91 „Ökologischer Landbau". 2092/91/EWG.

Reuter, K. (2005): Marketing-Chain-Management auf Ökomärkten in ausgewählten Ländern Mittel- und Osteuropas. Zugl.: Berlin, Humboldt-Univ., Diss., 2005. 1. Aufl. Berlin: Köster (Wissenschaftliche Schriftenreihe ökologischer Landbau, 3).

Rosenow, S. (1998): Ökologischer Landbau in Russland. Russland im Wandel. In: Kaestner, M.; Reto, I. (Hg.): Ökologischer Landbau in Mittel- und Osteuropa: Jahrbuchreihen und Informationszentren in Polen, Tschechien, Ungarn und Russland. Holm: Deukalion-Verlag. (SÖL-Sonderausgabe, 71).

Rumpe, F. (2008): Mündliche Auskunft über die russische Landwirtschaft, den Bio-Markt in Russland und die Voraussetzungen für weiteres Wachstum am 25.06.2008. Moskau.

Saimaa (2008): Wildsammlung – Beeren, Pilze, Zedernüsse. Online verfügbar unter http://www.saimaabeverages.ru, zuletzt geprüft am 24.07.2008.

Saranin, E. (1994): Ekologitscheskoe zemledelie. (deutsch: Ökologischer Landbau). Moskau.

Schapkin, A. (1991): Thesen zur Lage und Perspektiven der Entwicklung des ökologischen Landbaus In: Dürr, S. (Hg.): Ökologischer Landbau in Russland. Aktivitäten 1990 – 1993. Köln, S. 11 – 20.

Schlüter, A. (2001): Institutioneller Wandel und Transformation, Shekaer Verlag, Aachen zit. nach: Reuter, K. (2005): Marketing-Chain-Management auf Ökomärkten in ausgewählten Ländern Mittel- und Osteuropas. Zugl.: Berlin, Humboldt-Univ., Diss., 2005. 1. Aufl. Berlin: Köster (Wissenschaftliche Schriftenreihe ökologischer Landbau, 3).

Schmid, O. (2007): Werte und Richtlinien im Wandel. Ethische Grundwerte sind das Fundament des Bio-Landbaus und müssen sich in den Richtlinien widerspiegeln.Wichtig ist, dass in die Richtlinienentwicklung alle Akteure einbezogen werden. In: SÖL (Hg.): Ökologie&Landbau 144, 4/2007, 144 4/2007, S. 15–17.

Schmid, T. (o. J.): „Pilotphase erfolgreich, jetzt 550 Milliarden Rubel für die russische Landwirtschaft". Online verfügbar unter http://v2.commit-group.com/__F173.php?id=3330, zuletzt geprüft am 12.06.2008.

Schmidt, H.; Haccius, M. (Hg.) (2008): EG-Verordnung „Ökologischer Landbau". Eine juristische und agrarfachliche Kommentierung der Verordnung (EG) Nr. 834/2007. Freiburg in Breisgau.

Schuliak, E. (2008): Mündliche Auskunft über „Hipp-Kaliningrad" am 18.07.08. Telefonat.

Schumacher, M. (2006): Bolotovo GmbH. Kurzer Abriss ueber die Hofgeschichte. Online verfügbar unter http://www.logoev.de/konferenz_ulyanovsk/referate/bolotovo_de.pdf, zuletzt geprüft am 23.11.2008.

Semtschuk, N. (2008): Mündliche Auskunft über die Tätigkeit von Asteko am 03.09.2008. Astrachaner-Staats-Universität.

Shvytov, I. (1998): Agriculturally Induced Environmental Problems in Russia. Halle (Saale): IAMO Inst.

SÖL (Hg.) (2007): Ökologie&Landbau 144, 4/2007.

Staatsprogramm – Госпрограмма (2008): Passport des staatlichen Programms zur Entwicklung der Landwirtschaft und Marktregulierung landwirtschaftlicher Erzeugnisse, Rohwaren und Lebensmittel für die Jahre 2008 bis 2012 (eigene Übersetzung). Online verfügbar unter http://mcx.ru/documents/document/show/1348.145.htm, zuletzt geprüft am 10.09.2008.

Statistikdienst des russischen Staates – Федеральноя служба государственной статистики (2008): Statistische Daten über Betriebsstrukturen: Структура проудукции сельского хозяйства по категориям хозяйств. Online verfügbar unter http://www.gks.ru/bgd/regl/b08_11/IssWWW.exe/Stg/d02/15-03.htm, zuletzt geprüft am 07.12.08.

StO „Agrosofia" (2004): Ob ekologitscheskom sel'skom chozjastwe, ekologitscheskom prirodopol'zewanii i sootwetstujuschtschei markirowke ekologitscheskoi produkzii. (Deutsch: Über die ökologische Landwirtschaft, ökologische Naturnutzung und entsprechende Markierung ökologischer Erzeugnisse). Technische Verordnung der Russischen Föderation (ein Projekt). Unter Mitarbeit von A. Khodus. Agrosofija. Solnetschnogorsk, 2004.

Tschajanow, A. (1987): Die Lehre von der bäuerlichen Wirtschaft. Versuch einer Thorie der Familienwirtschaft im Landbau. Nachdruck der Ausgabe Berlin, Parey (1923) mit einer Einleitung von Gerd Spittler. Frankfurt/New York: Campus Verlag.

Uchanova, A. (2008): Mündliche Auskunft über „Saimaa Beverages Russia" am 24.07.2008.

Vasyukov, Y.; EkoNiva (2006): Datenquelle für „Russia". In: Willer, H. Yussefi M. (Hg.): The World of Organic Agriculture. Statistics and Emerging Trends 2006. Bonn, Frick.

Vereschak, M. (2008): E-Mail vom 09.09.2008.

Vogt, G.(1999): Entstehung und Entwicklung des ökologischen Landbaus. Bad Dürkheim: SÖL.

WIKIPEDIA (2008): Technisches Regeln. Online verfügbar unter http://ru.wikipedia.org/wiki/технический_регламент, zuletzt geprüft am 10.08.2008.

Willer, H. Yussefi M. (Hg.) (2000): Ökologische Agrarkultur weltweit – Organic Agriculture World-Wide. SÖL-Sonderausgabe 74. Bad Dürkheim.

Willer, H. Yussefi M. (Hg.) (2005): The World of Organic Agriculture. Statistics and Emerging Trends 2005. Bonn.

Willer, H. Yussefi M. (Hg.) (2006): The World of Organic Agriculture. Statistics and Emerging Trends 2006. Bonn, Frick.

Willer, H. Yussefi M. (Hg.) (2007): The World of Organic Agriculture. Statistics and Emerging Trends 2007. Bonn, Frick.

Wilt., L. (2008): Mündliche Auskunft über „Sestrjonki" am 17.06.08. Kalinigrad.

Yussefi, M. Willer H. (Hg.) (2003): The World of Organic Agriculture. Statistics and Future Prospects. 2003. Tholey-Theley.

Zentrale Markt- und Preisberichtstelle der Deutschen Landwirtschaft (Hg.) (2008): Agrarmarkt Russland & Ukraine /// Sonderdruck Russland, Ukraine, ausgewählte GUS-Länder. Sonderdr. ZMP-Welt-Agrar-Markt Feb. 2008. Bonn: ZMP (Materialien zur Marktberichterstattung, 81).

Zentrale Markt- und Preisberichtstelle Europa Markt Ost (Hg.) (2006): Russland - Ukraine - Weißrussland. Länderanalysen & Hintergründe. Sonderdruck.

Zentrale Markt- und Preisberichtstelle GmbH (Hg.) (2006): AiZ Mittel- und Osteuropa 2006.

Zinke, O. (2006): Holdings: Neue Form der Agrarproduktion. In: Zentrale Markt- und Preisberichtstelle Europa Markt Ost (Hg.): Russland - Ukraine - Weißrussland. Länderanalysen & Hintergründe. Sonderdruck, S. 3.

ZMP (2000): Ökologischer Landbau in Osteuropa, Materialien zur Marktberichterstattung, Band 28, http://www.zmp.de/produkte/mzm28.htm in: Willer, H., Yussefi M. (Hg.) (2000): Ökologische Agrarkultur weltweit - Organic Agriculture World-Wide, Stiftung Ökologie & Landbau. Bad Dürkheim, SÖL-Sonderausgabe 74.

ZMP (2000): Ökologischer Landbau in Osteuropa, Materialien zur Marktberichterstattung. Band 28, http://www.zmp.de/produkte/mzm28.htm. In: Willer, H. Yussefi M. (Hg.): Ökologische Agrarkultur weltweit – Organic Agriculture World-Wide. SÖL-Sonderausgabe 74. Bad Dürkheim.

Danksagung

Im Rahmen der Hochschulpartnerschaft zwischen der Justus-Liebig-Universität Gießen und der Staatsuniversität Kazan ist ein siebenwöchiger Aufenthalt in der Russischen Föderation, dank Prof. Dr. Schmitz, ermöglicht worden. Dadurch konnten Experten und Landwirte befragt sowie zum Teil sehr schwer zugängliches Material beschafft und ausgewertet werden.

An dieser Stelle sei den Mitarbeitern des Instituts für Bodenkunde an der Staatsuniversität Kazan und den Mitarbeitern am Institut für Agrarpolitik und Marktforschung für ihre Unterstützung in organisatorischen und administrativen Angelegenheiten gedankt.

Durch eine finanzielle Unterstützung[38] seitens LOGO e.V. konnte ein Betrieb in Kaliningrad erfasst und beschrieben werden.

Ebenso sei an dieser Stelle allen gedankt, die mich bei meinen Fahrten durch Russland unterstützt und beherbergt haben.

Des Weiteren danke ich meinen Betreuern Dipl. Geogr. Brock und Prof. Dr. Leithold für die Unterstützung und Beratung sowie für die Geduld und Ermutigung aus der Fülle gewonnener Informationen mein „Erstlingswerk" zu formen und fertig zu stellen. Durch Ihre Unterstützung konnten die Ergebnisse dieser Arbeit bereits im Rahmen der 10. Wissenschaftstagung in Zürich vorgestellt werden.

Der größte Dank gilt meiner Familie und meinen Freunden. Da in diesem Zusammenhang meine Verlobte wohl am meisten Geduld aufbringen musste, ist diese Arbeit, als mein herzlichster Dank, ihr gewidmet.

---

[38] In Höhe von 500,- EUR

Anhang

Anhang 1 – Fragebogen für Landwirte bzw. Betriebsleiter

Характеристика предприятий экологического с / х-ва

Название предприятия: ___________________________________

Адрес, тел., E-Mail: ___________________________________

____

Желаете ли вы чтобы Ваши контактные данные были указанны в моей научной работе?

☐ да   ☐ нет

История предприятия (год основания, этапы развития, интерес к био)

____

____

____

____

____

Основные участки производства

____

____

____

Площадь предприятия: ___________________________________

Вид и количество животных: ___________________________________

Продуктивность (в год): ___________________________________

1 усл.гол = 500 кг животных   ☐ < 2 уг/га   ☐ 2 уг/га   ☐ > 2 уг/га

Производство экологической с/х продукций

Что вас мотивирует работать по принципам экологического сельского хозяйства?

____

____

____

Сертифицирующий орган: ___________________________________

Год и стоимость сертификации ___________________________________

В каких организациях вы являетесь членом: ___________________________________

Персонал предприятия

Сколько сотрудников работает на Вашем предприятии? ___________________________________

Какова трудоемкость единицы вашей продукции (чел.-час/ед.) ? ___________________________________

Повышаете ли Вы квалификацию сотрудников вашего предприятия?

____

Кого и в какой области? ___________________________________

Перерабатывающие предприятия

В чем заключается переработка? _______________________________

Каково происхождение Вашего сырья? _______________________________

____

____

Растениеводство

Вид и количество выращиваемых культурных растений

X	количество	вид растений
	га	______________
	га	______________
	га	______________
	га	______________
	га	______________
	га	______________
	га	______________

Что из этого используется на корм отметьте X

Опишите здесь ваш севооборот:

____

____

____

Возделываете вы культуры промежуточно?   ☐ да   ☐ нет

Механизация

Количество тракторов и их мощность _______________________________

Прочая с-х техника: _______________________________

Механизации отдельных участков производства: _______________________________

____

Управление водным режимом почв   ☐ дренаж   ☐ орошение

Особенности экологического земледелия

Удобрения   ☐ органические   ☐ неорганические
☐ внутрихозяйственные   ☐ извне

Форма и способ внесения: _______________________________

Количество удобрений на га: _______________________________

Защита растений   ☐ превентивная   ☐ по факту

Методы и средства защиты: _______________________________

Количество на га? _______________________________

Применение средств защиты растений: ☐ локальное   ☐ сплошное

Внесение вредных веществ в агроэкосистему

Год последнего внесения легкорастворимых химико-синтетических веществ: _______________________________

Граничат-ли поля Вашего предприятия непосредственно с полями других предприятий?
☐ да ☐ нет

Используют ли Ваши соседи легкорастворимые химико-синтетические вещества на своих полях?
☐ да ☐ нет

Используете ли Вы технику совместно с другими производителями?
☐ да ☐ нет

Имеется ли вблизи ваших полей интенсивное (авто)транспортное движение?
☐ да ☐ нет

Есть ли у Вас сведения о качестве воды, используемой Вами для орошения?
☐ да ☐ нет

Приобретая удобрения, известен ли Вам его происхождение?
☐ да ☐ нет

Используете ли Вы медьсодержащие препараты?
☐ да ☐ нет

Проверяете ли Вы содержание меди в почве?
☐ да ☐ нет

Проводите ли Вы дезинфекцию производственных помещений?
☐ да ☐ нет

Какими средствами и как часто: _______________________________________

Добавляете ли Вы в корм животных какие-либо средства/вещества? ☐ да ☐ нет

Если да, какие _______________________________________

Разрешенны ли данные средства Эко-Стандартами или Вашим Био-сертификационным органом?
☐ да ☐ нет

Консультация

Существует у Вас возможность консультироватся? ☐ да ☐ нет

Кто Вас консультирует и по какой ценне? _______________________________________

Вы давольны консультациями или у Вас есть какието пожелания?
____
____
____

Доступ к рынку

Какие экологические товары Вы предлогаете на рынке?
____
____

В каком виде Вы их продаёте т.е. сырьем - переработанном - упакованном - промаркированном?
____
____

Средняя ценна Ваших товаров? _______________________________________

Средняя ценна аналогичных товаров обычного происхождения: _______________________

Перерабатываете ли Вы произведенное Вами сырье в другие продукты?

____

Каким способом вы продаёте Ваши товары - примой сбыт - опт (крупный, средний, мелкий) - розница?

Есть ли у Вас постоянные клиенты? _______________________________________

Во что вам обходится транспортировка ваших товаров (% от ценны реализации)?

____

____

Проводите ли Вы собственный контроль качества производства и продукции?

____

Как часто? _______________________________________

Товарооборот и прибыль

Насколько велик Ваш товарооборот сертифицированной эко-продукции, в год? _______________

Общий доход Вашего предприятия, в год: _______________________________

Как вы оцениваете рентабельность вашего производства ☐ убыточное ☐ прибыльное

Чистая прибыль в руб. за год: _______________________________

Какие у Вас планы на будущее?

____

Планируете ли Вы в будущем расширять Ваше экологическое производство?

____

Каким образом? _______________________________________

Желаете ли Вы принимать на практику заинтересованные лица (в том числе и из-за зарубежа)?

☐ да ☐ нет

Желаете ли Вы объединения всех усилий приложенных в этом секторе сельского хозяйства в РФ?

☐ да ☐ нет

Какие взносы в такое объединение вы готовы вносить: _______________________

Какую пользу от объединения Вы надеетесь получить? _______________________

____

Земельные владения ☐ аренда ☐ собственность

Плата/Налог: _______________ ☐ кратковременно ☐ средневрем. ☐ долговремен.

Anhang 2 – Interviewleitfaden für Experten (ähnlich S. Simon)

A) Einleitung – „Aufwärmphase"

Vorstellung der Person (Herkunft, Stellung bzw. berufliche Situation, Qualifikation). Darstellung des Forschungsinteresses.

B) Hinleitende Phase

Allgemeine Situation der russischen Landwirtschaft und des Ökolandbaus. Überblick über die Geschichte der russischen Landwirtschaft.
Stellenwert des Ökolandbaus im aktuellen politischen Geschehen (wichtig, unwichtig, was hat Priorität? usw.).

C) Hauptphase

Aktuelle Situation bezüglich der Standards bzw. der Gesetzgebung zum Ökolandbau in der Russischen Föderation: (Zertifizierungsmöglichkeiten, Förderungsmöglichkeiten, Bedeutung des Staates, Situation auf dem Markt, Verbandsarbeit, ausländische Kontrollstellen und ihr Verhalten in Russland).

Entwicklung des Ökolandbaus seit 1989 (Erhebung der Daten): Akteure/Institutionen die bei der Entstehung/Einführung des Ökolandbaus in Russland beteiligt waren (z. B. Motivation, einheimische und ausländische Initiativen, ehemalige Ökoverbände usw.). Unter welchen Bedingungen ist alles entstanden, wer war wie beteiligt?

Besonderheit der Region bzw. des Landes: Chancen/Schwierigkeiten für die Bio-Bauern (z. B. Absatz, Bürokratie, Beratung, Kapital u. a.).

Besondere Kennzeichen des Ökolandbaus in Russland im Vergleich zu anderen Ländern (Produkte, Vorteile, Nachteile etc.).

Konsumentengruppen für Bioprodukte (z. B. Motivation der Verbraucher Bioprodukte zu kaufen, Bekanntheitsgrad von Bioprodukten oder bestimmter Marken etc.).

Entwicklung der Bio-Produktion innerhalb der nächsten Jahre (mögliche Einflüsse, Chancen für den Inlands-/ für den Exportmarkt).

Einfluss des möglichen WTO-Beitritts auf die weitere Entwicklung (Chancen und Risiken für den russischen „Agrarkomplex"?).

D) Abschlussphase

Was benötigt der Ökolandbau in Russland, um sich nachhaltig (für die russische Bevölkerung v. a. im ländlichen Raum) zu entwickeln?

- Stärken und Schwächen des Biosektors
- Eigenheiten des Sektors in Russland
- Wie stark orientiert der Sektor auf den Binnenmarkt/Export?

Anhang 4 - Importierte Produkte aus der Russischen Föderation

Issuer country	Reference	Inspection body	Product	Starting Date/Expiry Date	Status
Germany	003-039	CERES GmbH	Aronia, Berry, Puree Aronia, Concentrate, Juice Blueberry Blueberry, Juice Blueberry, Puree Buckthorn, Sea Cloudberry Cranberry, Concentrate, Juice Cranberry, IQF Cranberry, Juice Cranberry, Puree Currant, Black, IQF Currant, Black, Juice Currant, Red, IQF Lingonberry Lingonberry, Concentrate, Juice Lingonberry, Puree	29/09/2008 31/10/2009	Confirmed
Germany	028-152	BCS Öko-GarantieGmbH Control System Peter Grosch	Boletus, Dried Chanterelle, Dried Cranberry, Concentrate, Juice Pine, Kernel, Nut	31/07/2008 31/08/2009	Confirmed

Germany	029-135	CERES GmbH	Berry, Aronia, Frozen Blueberry, Frozen Cranberry, Frozen Lingonberry, Frozen	18/11/2008 30/11/2009	Confirmed
Germany	052-038.03	IMO INST FUR MARKTÖCOLOGIE CH	Bearberry, Leaf Ginseng, Siberian Liquorice, Root	28/03/2008 30/04/2009	Confirmed
Germany	659-002.01	Ecocert SA c/o Ecocert International	Barley Rye Sorghum Thistle, Milk, Seed Wheat	12/09/2008 31/10/2009	Confirmed
Germany	695-001	BCS Öko-GarantieGmbH Control System Peter Grosch	Blueberry, Frozen Cranberry, Frozen Lingonberry, Frozen	25/06/2006 31/07/2009	Confirmed
Germany	731-001	CERES GmbH	Chanterelle	21/11/2008 30/11/2009	Confirmed
Denmark	006	BCS ÖKO-GARANTIE GMBH	Cranberry	30/10/1997 01/12/1999	Withdrawn
Denmark	021	BCS ÖKO-GARANTIE GMBH	Blueberry	30/04/1998 01/12/1999	Withdrawn
Denmark	DK-REG09.055	BCS Öko-GarantieGmbH Control System Peter Grosch	Blueberry, Frozen Cloudberry, Frozen Cowberry Cranberry, Concentrate Cranberry, Frozen	18/07/2008 01/08/2009	Confirmed
France	1108/AB/2268	Ecocert SA c/o Ecocert International	Fir, Essential oil, Needle	28/11/2008	Confirmed

				28/11/2009	
Italy	4764/08	Suolo e Salute srl	Barley Bran Oat Rape Rue, Herb Rye Wheat, Hard Wheat, Soft	07/08/2008 06/08/2009	Confirmed
Netherlands	NL003825V	Lacon GmbH	Barley, Seed Beet, Sugar Buckwheat, Seed Corn, Seed Pea, Seed Soybean, Seed Sunflower, Cake Sunflower, Oil Sunflower, Seed Wheat, Seed	18/10/2008 17/10/2009	Confirmed
Netherlands	NL003922V	IMO Institut für Marktökologie GmbH	Chickpea Flax, Seed Maize Wheat	31/01/2009 30/01/2010	Confirmed
Netherlands	NL004124	IMO Institut für Marktökologie GmbH	Flax, Seed Mustard, Seed, Yellow Pea Rape, Seed Rye	03/10/2008 02/10/2009	Confirmed

Netherlands	NL004132	IMO Institut für Marktökologie GmbH	Wheat		
Netherlands	NL004132	IMO Institut für Marktökologie GmbH	Barley Corn Flax, Seed Pea Rape, Seed Safflower, Seed Sunflower, Seed Wheat	13/10/2008 12/10/2009	Confirmed
Netherlands	NL004159	IMO Institut für Marktökologie GmbH	Flax, Seed Rape, Seed Safflower, Seed Sunflower, Seed	25/11/2008 24/11/2009	Confirmed
Netherlands	NL04019	IMO Institut für Marktökologie GmbH	Barley Chickpea Corn Sunflower Wheat	03/06/2008 02/06/2009	Confirmed

Quelle: Organic Farming Information System OFIS
URL: http://ec.europa.eu/agriculture/ofis_public/r9/ctrl_r9.cfm?targetUrl=print_list (Abruf 10.02.2009)